JN294156

Atom und Ethik - Wie versteht unser Zeitalter sich selbst ?

原子力と倫理

原子力時代の自己理解

テオドール・リット／著
小笠原道雄／編
木内陽一・野平慎二／訳

東信堂

Theodor Litt

編者　まえがき

三・一一の東日本大震災の刻々と変化する悲劇を目にして、「人間の悲惨さ」を噛みしめながら戦後のわが国の歴史的危機を意識した。その数日後の一四日、ドイツ人の同僚からメールが入った。「海外に避難するのなら、わが家を解放するから、いつでも、家族共々くるように」と。驚きと共に、外国人が抱く日本の地理的な理解、すなわち、「日本は小さな島国だから、ドイツ人は東北も中国地方も同じと考えたのであろう」と高をくくり「全く心配はないから」と安易な返事をした。東京電力福島第一原発事故に対しても、政府によって繰り返される「万が一の場合」というレトリックと原子力の専門家と言われる大学教授の「原子炉は安全である」というテレビでの繰り返しの説明に「そんなものか」との鈍感な反応であった。ただ、「核エネルギーはクリーンで安全である」という、所謂原子力の「安全神話」は、わが国ではどのように形成されてきたのであろうか、との問題意識が強く頭をよぎった。「安全神話」の背景として「原子力ムラ」の存在を知るに至るには私にとってかなりの時間を要した。

実は、このドイツ人の教育学研究者とは、近年フンボルト財団の支援を受けて、Th・リットを中心とする『精神科学的教育学の新研究』をテーマに共同研究を遂行中であった。そんな中での「原発大事故」の発生であった。事態は刻々と変化し、遂には、東京電力福島第一原発は深刻な破局を迎える。教授からは「チェルノブイリ原子力発電所事故を体験した私たちヨーロッパ人には今回の福島原発の事故は他人ごとではないのだ。……広島、長崎という世界で最初の原爆の大惨事を体験した国民が福島で三度体験すとは！」と悲痛な叫びが寄せられた。

結局、われわれは人類史上『原子力時代』がどのような時代であり、原子力（核）エネルギーとは何であるのか――不幸なことにそれは人間を殺す大量破壊化学兵器として開発され、それを目的に投下されてしまったのだが――をそのメカニズムを含めて十分に理解することのないままに急速に技術化を図ってきたのではないか。これらの問題に東西冷戦の厳しい対立の一九五〇年代後半から、旧西ドイツでは原子力の開発やその導入の可否を巡って、まさに国論を二分するような激しい対立があり、激論が交わされた。その対立抗争の中で、哲学者、教育学者Th・リットは政府、ヨーロッパ原子力委員会の政策関係者、そして原子力の専門科学者から「講演」を求められた。それが一九五七年の講演、「私たち自身、今（原子力）の時代をどのように理解するか？」である。六月、先のドイツ人研究者からこの論文のコピーが送られて来た。しかし講演の内容は核エネルギー導入に「賛成か反対か」ではなく、その諾否を選択する「決断」を促すために、原子力科学・技術自体のもつその本質的な危険性を論理に徹して冷静に説き、結論として、問題解決の道が「原子力時代」に生きるアンビバレンスな人間の「責任」をエートスに徹して説き明かしているのである。まさに、警世の論と言ってよいものである。

その後ライプチヒ大学テオドール・リット研究所長、D・シュルツ名誉教授から「本年一〇月開催される一五回Th・リット・シンポジウムのテーマは日本の福島の原発事故を念頭に『原子力時代。自然科学と技術の極大値。最高値の責任。』としたい旨の提言があった。それは同時に、一九五七年のTh・リットの論文、「原子力と倫理」をも意識してのことであった。私はこの核エネルギー問題を広島―長崎―チェルノブイリ―福島の時空で考えることの歴史的必然性を痛感した。ライプチヒでのTh・リット―シンポジウムから帰国後、地方紙（『中国新聞』二〇一一年一二月一八日）の評論欄に「〈原子力時代〉どう理解したか。〈人類最大の責任負う決断を〉」のテーマで寄稿した。しかしながら今日、現在の核エネルギーの時代に生きる子ども達に責任を担う教育研究者は、専門家としてまさに世代をかけた責任をどのように果たすのか？が具体的に問われているのではないかと痛感する。教育的には、教育者は学習者に対して、〈核エネルギー時代〉に対峙する意志を形成させ、自覚を促し、それを梃子に事態を「選択」し、選択に対する「決断」にいたる自己「責任」の筋道を示すことである。より具体的には、それは放射線災害から子どもを守ることから、放射能廃棄物をどう処理するのかという問題を含む、世代をかけた実に重い責任を共に担うことの意識化なのである。今回Th・リットの「時局論文」を編纂し、わが国で刊行する意味はまさにここにある。問題は単に、一九五〇年代のドイツに生起した「運命的問題」ではなく、今日わが国における喫緊の課題であり、同時に、教育者として核エネルギー問題に「責任を担う」という倫理的な問題なのである。

このように、今回のTh・リットの二つの一九五七年の「時局論文」から見えてくることは、核エネルギー問題は経済的問題、政治・政策的問題としては解決出来るものではなく、位相の異なる倫理的問題として『人類に対する責任』から考察することの重要性である。その意味でも、今日ドイツにおける脱原発思想（思考）の源流がこのTh・リットの講演（論文）にあると言えよう。

元来、Th・リットという著者は、自書の「まえがき」を淡々と記し、あとは本文の中身で勝負との態度に徹していたように思われる。そのリットが一九五七年三月刊行の自書、『技術的思考と人間陶冶』の「まえがき」で、「本書は、人類の自己破壊的行為を報告することによって、しばらくの間でもたたえられる権利をもつものだ！」と記している。当時、本書の翻訳を進めていたが、随分大仰なことを書くものだ、との印象を受けたが、私たちは三・一一の体験から、まさに「原子力時代」の到来が「人類の自己破壊的行為」の始まりであったことに気づくのである。

二〇一二年七月一六日
テオドール・リット没後五〇年記念シンポジウム（ボン大学）開催を前に

編者　小笠原道雄

目次／原子力と倫理——原子力時代の自己理解

凡例

1. 本書はテオドール・リット（Theodor Litt）の一九五七年の原子力に関する二つの「講演」、すなわち、「私たち自身、今（原子力）の時代をどのように理解するか？（Wie versteht unser Zeitalter sich selbst?）」を第一論文、「原子力と倫理（Atom und Ethik）」を第二論文としてそれぞれの『報告書』から抜粋して翻訳し、両論文をまとめ、書名を『原子力と倫理――原子力時代の自己理解』としたものである。講演のおこなわれた時代背景や各『報告書』等に関しては、編者による「解題」を付し解説した。参照されたい。

2. 講演を聴く対象者を考慮して、市民を対象とする第一論文では「私たち……」、専門家を対象とする第二論文では「我々……」とし、両論文の口調の統一は図らなかった。

3. 原文中のイタリック文字はゴシック体で表記し、〝 〟は、鍵括弧（「 」）に変えた。

4. 原文中で多用されているダッシュ（「――」）は、筆者の文体やリズムを尊重し、そのまま表記し、改行も忠実に原文に従った。

5. 訳者が補った字句は［ ］に入れ、（ ）は原文で挿入されているものである。

6. 訳語について。(1)ドイツ語 Sache《ザッヘ》を「事物」とした。リットの場合、「事物」は自然科学的な客体物とそれをもとに構築される社会的な構築物（制度等）も含意されている。(2)ドイツ語 Bildung《ビルドゥング》を「陶冶」とした。Bildung は教育（学）的には概念史上、重要なタームである。リットの場合、Erziehung《エルチーウング》（教育）と区別されるもので「自己形成」を含意している。

原子力と倫理——原子力時代の自己理解

テオドール・リット　第一論文

私たち自身、今（原子力）の時代をどのように理解するのか？

I

人間はその自然な傾向に従う限り、成長し、日々の仕事をし、生涯を閉じる、といった状態に自らが置かれていることを「当然」とみなすほかはない。つまり、その状態の中に、それ以外ではありえない物事の秩序を認めるほかはないのである。このような考えは、権力をもつ者がその支配下にある者に、この秩序が「神の意志」であり、それゆえ決して変えられないのだと思わせようとする場合には、とりわけ強く抱かれる考えである。

この意味で「当然」と受け止められることを求め、実際にもそう受け止められた国家的・社会的な体制の総体に私たちが出会うには、時代を二〇〇年以上遡る必要はない。社会の「身分制的な」区分は、例えばフリードリヒ時代のプロイセンにおいて社会全体の構造を規定していたが、恣意的に定められ任意に変えられる権利と義務の分配とみなされるのではなく、神の意志によって指示された共同活動の形態として尊ばれることを望んだ。「軍人階級」、「教育階級」、そして「生産階級」が存在する――このことは、物事の本性に対応しているがゆえにあらゆる疑念を超越する、社会機能の三区分である。人間にできる最善のことは、この区分に自らを矛盾なく順応させること以外にない。その区分に反すれば、神に由来する生の法を破ることになり、したがって災禍を引き起こし、破滅を招くのみである。

社会的・政治的な状態がこのような意味での所与であり、あらゆる干渉を免れるものとみなされる限り、ある特定の階級に生まれ、その階級から特定の生の課題を示された者は、その中で彼が生き努力する全体の運命について心配する必要はない。彼は、その階級に属する者としての自分自身に課せられた課題を忠実にこなせば、彼自身の本分を尽くしたと言えるのである。この階級を取り囲む境界の向こう側で生じる事柄について、彼は心配する必要はない。なぜならそうした事柄は、そこで責任をもつ者の手に委ねられているからである。彼が境界の向こう側でも共に発言し共に行動しようと望むならば、それは神の意志にかなった階級の境界をあいまいにすることを意味した。私は、このような機能の分離が古典的な形で表現されているある文章を思い出す。「兵士が互いに戦っている時、平穏に過ごす市民はそれに気づいてはならない。

市民の生業と戦争という仕事、この両者はあたかも互いに他が存在しないかのように営まれるべきである」、というものである。

一八世紀の階級制度がとうに過去に属するにもかかわらず、ある職業の担い手に、その活動に許された範囲を超えて外を見ることを、禁止されていない場合に限り許そうとする考え方が消え去っていないことを、私たちは告白しよう！まさにドイツ人の生活は、一九世紀になってもなお、選択された特殊な生の課題への専心を越えて眼差しを全体へと向けることをほとんど全く忘れ去った、職業局所主義という精神に支配されたままである。

さて、世界史的な出来事の経過からは、この職業遂行という狭さへの自閉は許されない危険な罪であることが十分に根本的に証明された、という結論がもたらされてきた。だからといって、特定の生の課題に良くも悪くも余すところなく没入する傾向が人間の存在から消え去ったかもしれない、などと語られるべきではない。狭い職業局所主義への引きこもりは、いかなる歴史的な激変も消し去ることのできない人間の心性の傾向にもとづいている。もっとも、精神的・社会的な生の広がりの中に、思考のひとつの方向性、すなわち社会の構成を「当然」とみなし、それゆえ自らを矛盾なくそれに服従させるような根本心性の、まさに**対極**をなすような方向性が支配的となってきたことは認められてよい。むしろ私たちの時代の精神は、社会の構成について何ひとつ当然とみなさず、すべてが問いと疑いと論争の対象となっている、ということによって特徴づけられる。この問いの情熱が生じるところではいつも、特定の生活圏への引きこもりは存在しない――そこでは遅かれ早かれ存在の秩序の全体に眼差しが向けられなければならないのである。

私たちがたった今その特定の階級的な社会秩序の自明性の例をそこから借用したまさにその世紀に、このような問いへの意志が生じていることを知ることは、きわめて有益である。一八世紀は、その外的な体制においては絶対主義と階級的な社会区分の世紀であったが、同時にまたあの革命的な精神――すなわち、同時代の状況への思慮を欠いた、疑いを差し挟むことのない専心から人間を呼び覚まし、現行の秩序の由来と本質、権限と価値はそもそもいかに規定されるべきか、という問いへと促すために、あらゆることをおこなった革命的な精神――の持ち主の世紀でもあった。もちろんこの問いは、眼差しが個別の活動の境界を超え、生の状態を規定している諸関係の全体へと向かうことなしには、立てられることも、ましてや答えられることもできなかった。この問い方はその本質上普遍的なものであった。また、物事の総体が一度その自明性を取り去られて問いの対象となるとすぐに、当然ながら、その総体は批判の対象、ひいては激しい非難の対象にさえなると考えられていたのだった。

一八世紀に始まったこの運動が西洋の人間性にとって意味するものを、二〇世紀の子どもである私たち、当時始まった疑いがその最終的な帰結に至るまで十分に展開されたのを目にする私たちは、初めて正しく評価することができる。広く普及し多くの人に読まれている省察を一度俯瞰《ふかん》されたい。そこでは詩人や文学者、哲学者や神学者、歴史家や社会学者が、人間がそこで存在し活動している生の状態の全体へと、また人間の精神的な生がこの状態の中で経験する反作用の全体へと、今日の人間の目を開かせようと競って努力しているではないか！かつてなかったほどの覚醒と意識を携えて、時代は、包括的な自己点検を通して自らを確かめようとしているのである。そしてそこではまた、むしろそこにおいて初めて、個々の生の状態への注目はただちにこの状態の有用性への疑いへと、さらにはそれに対する根本的な非難へと転化するのである。無批判に受け入れられた自明のものに代わって、幾千もの疑いに取り囲まれた疑わしいものが現れている。

このような時代の自己批判の広がりと徹底さを測るには、私たちの現代の本質と価値が議論に上る場合にはいつも鳴り響くキーワード、自らが時代の高みに立っていることを証明しようとする人がみな口にしなければならないと思っているキーワードを想起すれば十分である。そこでは、私たちの時代は「機械化」、「標準化」、「道具化」、「集団化」の時代であると非難されている。そこでは、今日の人間を「歯車」へと、さらには「ロボット」へと低めるとされる運命が嘆かれている。このような批判的な判決は、その世紀の仮面を剥がすのに十分なほど炯眼《けいがん》であり誠実であることに対する満足をともなって告知されるため、いっそう好んで用いられている。このように時代に自ら罪を着せることは習慣となっているがゆえに、専門家気取りのもったいぶった言動や文芸欄ふうの饒舌といった単なる随伴現象がそこから取り除かれることはない。あたかも時代が完全に内部崩壊を起こしているかのように見える。

時代の自己評価がそのように無責任なおしゃべりの幅広い流れへと拡散するのを見るならば、あの生の状態への、すなわちその生の秩序の自明性によって高慢な知ったかぶりをすべて封じるかのような生の状態への、深い渇望を感じることができるかもしれない。そう、そのような生の状態への回帰は可能ではないのか、したがってそれを目指すべきなのではないのか、という問いに直面させられているように感じるかもしれない。とはいえ、この種の揺れは非常にしばしば人間の心を悩ませてきたし、今なお悩ませ続けているのであり、したがって私たちは次のことを、すなわち自らの生の状態への問いが一旦生じたならば、素朴で無反省な生の確実さへの帰路は取り返しのきかない形で断たれているということを、率直に認めなければならない。自己目的となってしまった文化批判の放埒に対して有効なのは、そのような批判に帰着する思考を意図的に、あるいは暴力的に抑圧することではなく、ただこの思考を仮借ない厳しさで自ら規律することのみである。この自己規律の成果は、誠実さでなければならない。それは、事物が批判を求める場合に限り、またあら探しをする人が根拠のないあら探しで得意になっている時にその口を封じる場合に限り、批判をおこなうような誠実さである。――しかしさらには、批判されるべき事柄を明示することに甘んずるのではなく、その起源へと遡ることによって、一方では例えば叱責されるべき罪過の程度を規定し、他方では改善と反作用の可能性を明らかにするような誠実さである。

それゆえ包括的な**自省**は疑う余地なく時代の要請なのである。そしてそれは実に、あまりに多くの疑いに駆り立てられた現代の人間が切望する理論的な明確さのためだけではない。その中で私たち一人ひとりが活動し、仕事に追われて苦しんでいる生の構造が、あまりに複雑すぎる形態をはるか昔からとってきており、不確実な自明性の中に安らう生の意識と伝統の軌道にとどまり続ける生の慣習によっては私たちを苦しめる課題がもはや解決されえない、という理由のためでもある。時代の自省はまさに精神的な贅沢でも、生の無為な傍観者のためのスポーツでもない――それは、現代の人間が、自ら創り上げた存在の秩序に絡め取られて没落するのを防ぐために満たされなければならない要求なのである。

II

上にあげたような意味での規律ある思考に学ぶならば、私たちは、時代が自らの欠陥にそれを用いて烙印を押そうとするあのスローガンはすべて、実際には十分に真摯に受け止めることのできない事態に向けられていることに気づかされる。その思考のみが、さらに問い続けるよう私たちを強いる。私たちは、その事態を誤てる歩み――それが生じなかったことも同様に十分に考えられる――であったと嘆くだけの権限と根拠をもっているのか否か、それゆえ、そのような事態を生み出してきた措置を理由に人間を非難することが正しいのか否か――こうした問いについては、上で述べた事態を認識するだけでは、まだ少しも明らかでない。私たちは、その事態の起源に立ち返ることで、そこから逃れることが人間の力にはできないような連関や強制に突き当たることもありうる。もしそうであるならば、人間は自らに着せられた罪に対して無罪判決を受けるべきなのかもしれない。そうした場合には、それによって時代の自己批判が無効を宣言されることはないにしても、人間にとって最も重荷となるその定立（テーゼ）については無力化されるであろう。

「機械化」や「集団化」などの言葉で特徴づけられる事態、自らのために人間を巻き込んでいる

「事物」の部品へのこの専門主義的な結びつき、あらゆる面で完成した人間性のこのような喪失に気づいたのは、近代の批評家が初めてではない。すでに私たちの古典的思想家の中に、すでにヘルダー、シラー、ヘルダーリン、ペスタロッチーの中に、専門主義的に分裂した人間性に対する、あたかも昨日書き記されたかのように読める嘆きを見出すことができる。今日を生きる私たちが彼らよりも進んでもっているもの、それは、分裂がこのような乱雑な多様さと同時に最終的な完璧さの形をとって現れる、見渡せないほど多くの現象を見通す力である――しかしそれはまた、事物による人間の拘束が最終的にそこに由来する起源に対する、実に最初の洞察である。ここでも、いつもの場合と同様、物事の始まりとその後に展開されるその十分な意味は、最高度に完成した帰結を見ている人々によってのみ正当に評価されうる。そして私たちはそれを、今日を生きる種に、確かに繰り返し語ってかまわないのである。

ゲーテ時代の思想家が**人間存在を脅かす脅威**について沈思黙考する時、彼らの眼差しは主に、人間が、**国家**の市民として、**社会**の成員として、**職業**の担い手としてそのもとに置かれている影響へと注がれていた。(古きゲーテにおいて初めて、工業生産の世界は地平線に顔を現すようになる。)私たちは、そこから生じる結果に対する他ならぬこの評価を正当なものと認めてよい。しかしながら、人間的なものの専門主義的な分割の理由を国家や社会や職業区分といった領域の中に求める者は、ここで論題となっている展開の最も深い点になお到達しておらず、確かにきわめて重要ではあるものの、現代の人間性の形態変化を理解可能にするには十分ではないような現象の段階にとどまっているのだ、という点を私たちは見過ごしてはならない。政治的・社会的運動、すなわち、人間の意志によって引き起こされ方向づけられるこの出来事は、近代を開いた世紀において、ある出来事を自らに織り込んでいるのである。それは、その起源が人間の意志の領域を越えて伸び出て、まさにその理由により、真に運命を規定する意味が人間の意志に認められなければならないような出来事なのである。

この出来事の本質と由来を暴露するために、私は、今日の人々がますます頻繁に出会っている名称、私たちの時代の性格を驚くべき的確さで照らし出すように思われる名称から始める。始まりつつある**「原子力時代」**について、今日の人々がどれほど好んで語っていることか！　それは、啓発的な考察を喚起する名称である。「原子」——これは紀元前五世紀にギリシャの自然哲学が生み出し、始まりつつある近代の自然科学が取り上げ、今世紀後半の物理学が私たちすべてに馴染みの形で実用化した概念である。それはすなわち最も厳密な意味で科学的な、より正確には自然科学的な概念であり、例えば単に科学の発展のある特定の局面を特徴づけるためではなく、ある時代全体を特徴づけるために用いられる概念である。この概念で考えられているものの発見を私たちがそれに負っている科学、すなわち「数学的自然科学」が、すでに少なくとも三世紀から存在していること、しかしこの科学によって解明される基礎概念を時代全体の名称に用いることはその時以来考えつかれていないことに、注意が払われてきた。重力の時代、蒸気の時代、電気の時代について語ることなど、誰も考えつかなかった。私たちの現代を「原子力時代」と名づけることに今日では誰も異議を唱えないが、このことは、過去三〇〇年の間に社会全体の形成に対する自然科学の関与がいかに増大したかについての決定的な証左である。その関与が今日では非常に大きくなった結果、自身の時代の全相貌をこの特殊な本質特性から規定することは、人々の意識にとって当然のことになっているのである。

もちろんそれは、原子力科学によってもたらされた成果――その成果がきっかけとなって、原子力はこのように他にもまして意識化されることになったのだが――の理論的意義ではない。意識化は、私たちすべてに単にあまりによく知られている実際的な結果――私たちすべての生活は、原子力科学の成果から、その結果を一部はすでに経験し、一部はなお予期しなければならない――によってもたらされている。その成果が、一方では自らを破滅させ、他方では経済的な生産性をあらゆる慣れ親しまれた程度を越えて見通しのきかないほどにまで高める、そのような状態に人間を置く科学――そのような科学はなるほど、時代がその科学を自らに固有のものと呼ぶ、そうした時代の相貌を特徴づけるのに適しているように、いやまさにその使命にあるようにみえる。

もっとも、原子力の世界に応用された科学は、私たち自身の時代の特徴づけに優れた貢献をなすだけではない――その科学は私たちの背後にある時代の流れに光を投げかけもする。その光によって、その時代の流れの中で生じている出来事は明るく照らし出されるのである。さらにここで明らかになるのは、ある発展の本質と意味は、到達された完熟の地点から振り返って、過去の局面をこの高みに向かって努力するものと解釈し評価することが可能となることでのみ明確に認識され、十分に評価されうる、ということである。それによって、私たち、すなわち今日の状況から自然科学がもつ本質と運命を規定するほどの意味について手に取るように知っている私たちは、時代を画する生活全体への科学の関与――私たちに先行する世紀もその関与をすでに同じ科学に認めてきたが――の性格と程度に対する鋭利な眼差しをも獲得する。考慮されるべき結果が当時は控えめな始まりにおいて現れ始めたばかりであった、という単純な理由のためにゲーテ時代の碩学でさえ見ることができなかったものを、私たちは幅広く見渡すことができる。彼らと違って私たちは、ケプラーやガイレイやホイヘンスやニュートンといった人々が、自然の現象を数学的法則に還元することを自らの課題とする科学の基準線を引いた時、大きな転換をともなって準備されたものを、はっきりと目の当たりにする。上にあげた思想家たちによる研究の中で、人間の本質と人間の運命の転換に関連づけられていた事柄を、世界史的な公然というまばゆい光の中に置くことが、「原子力時代」に留保されていたのである。

しかしながら、学者の研究室や実験室と私たちの社会的・歴史的な生の難問題との間を線で結ぶことによって、あの出来事、すなわち表向きは現実に関する私たちの理論的知識の充実にすぎない研究精神の成果が、人類の発展のいかなる転回もその規模においてそれに匹敵しえないほどの、人間の世界の実際的な変革へと、それを通して移し替えられるような、あの出来事の基本構造もまた私たちに明らかになる。今日流行している語り方をその権利という観点から検証するならば、その出来事の本質が私たちに一挙に開示される。不確かな出来事に含まれる変革的な内容を特徴づけるために、「**産業革命**」について好んで語られる。人類についての解明的な研究の結果として生じた事柄にとって、この名称は適切なのだろうか？「革命」と聞くと、私たちは、鬱積した不満の爆発や、過度の解き放たれた激情や、現状に固執する意志と革新へと着手する精神の衝突や、この闘争にかかわる者の流血を連想する。「産業革命」は、こうしたイメージに対応する何らかの性質を示しているのだろうか？人間世界の出来事、すでに開始された「産業革命」によって引き起こされうる出来事や十分すぎるほど頻繁に引き起こされてきた出来事は、「革命的」と名づけられてよい。しかしながら、ここで問題となっている大変動それ自体の特徴はと言えば、まさに、真の革命を歴史に刻まれるものにするような痙《けい》攣《れん》と爆発の欠如なのである。その大変動は、それによって引き起こされた事柄の重要性と著しい対照をなす静かさと共に進行する。研究者は、自然現象の因果関係を究明し計算する。発明家は、この因果関係が人間の目的に役立つものになるような装置を作り出す。工業生産者は、発明家が考案した手続きがそこで利用される労働という事象を組織する。労働者は、労働を組織する者が構想した分業生産の計画に応じて集まる。このような思考と行為の構造のどこにも、革命的な勃発に比肩《ひけん》しうるような何かは生じていない。その種の事柄は生じえないのである。なぜなら出来事の全体は、それぞれの局面、それぞれの思考、それぞれの行為において、計画が目標に到達するためにはそれを尊重することが不可欠の条件であるような、「**事物**」の命令に従うからである。人間の恣意のどのような介入であれ、求められる成果をめぐる思考や、努力して目指される効果にかかわる行為を裏切るかもしれない。事物が支配するところでは我意は沈黙し、我意が意思を表示するところでは事物は不可視となるのである。

近代の自然科学の端緒から「原子力時代」の装置にまで及ぶあの過程は、その広がりの全体にわたって、ここで説明されたような無条件の事物拘束性の命令に服従している。その成果が核兵器の形をとって時代に内包されている研究と講義の全体も、この命令に服従している。人類がこの自己絶滅の可能性をはらんだ道具を手に入れるために、三〇〇年に及ぶ事物へのきわめて厳しい奉仕が必要なのであった。

III

私たちの時代は、自らを知ろうと努力する時、ここで論究した出来事にその起源をもつ事態に好んで遡る。このことを私たちは上の説明から理解することができる。一方ではきわめて明確な輪郭をもつ形態をとって現れ、他方では一般的な生の形態をきわめて強く規定するもの、こうしたものに対しては否応なく診断的な眼差しが注がれる。しかしまさにそれゆえに、すべてはこの事態についての考察を誤謬から遠ざけることにかかっていると言ってもよい――とりわけこの誤謬《ごびゅう》が、その時代を救いがたく自らと敵対させているように見える場合には。実際、私たちが上で引用した私たちの時代の告発者に無批判に服従する場合、私たちを脅かすものは、極端な**自己敵対**にほかならない。しかしそれは、最後まで見届けるならば必然的に自己嫌悪の暗闇に帰着せざるをえないかのような一種の自己理解にとって、いったい何を意味するというのだろうか！ 私たちは、自明なものの楽園から無慈悲に追放される場合には、根拠のない自己嫌疑を免れた自己理解が二重にも三重にも必要となるのである。

幸運なことに、すぐ上で論及した出来事の全体――その全体は、決して途中で途切れることのない導きの糸を「事物」というものにおいてもっているのであるが――の分析から、私たちは、「機械化」というスローガンの中にまとめられるあの嘆きや告発に関して真理と誤謬を区別できるようになる。周知のごとく、あの嘆きは生と労働の秩序に向けられている。その秩序の成立にはまさにあの「事物」への服従が責任を負うべきであり、自然研究者はそれを究明しようとし、技術発明家はそれを利用しようとし、工業生産者はそれを搾取することを心がける。事物の命令に服従する生と労働の秩序は、脅威として、いやそれどころか人間性の毀損として感じられるような労働の形式へと人間をもたらし、組織的な連関に無理矢理人間を組み込んできたために、次のような主張が現れ、賛同者を得ることができた。すなわち、人間は、あの秩序がその成立をそれに負っている決意と行為の中で、自分自身に背き、人間に共に与えられている課題に反し、それによってある誤った歩みに責めを負っているのであり、人間は今や、その歩みの中から生じた困難のために、その償いをしなければならない、という主張である。機械的な労働機構の奴隷へと人間の価値を低下させたのは、技術からの助言を受けた工業だけではない――否、技術のために自然を巨大な計算問題と捉え直す科学はすでに、私たちを取り巻く世界現実に対する恥ずべき暴行と同じなのだ、と証明すべく努力している現代の批評家は少なくない。もしもこのような理解が正しいとすれば、人間が思考においても行為においてもそれに従っているあの「事物」は、人間自体と区別されうる対象ではなく、最終的には――**人間自身の**作品、すなわち人間の秩序づけと指令の産物ということになるのかもしれない。その場合、私たちはやがて、現代の人間がその抑圧に苦悩している隷属状態は外部から人間に強制されたものではなく、人間自身が自らに定めたものである、という驚くべき結論に帰着するのかもしれない。人間は自らに暴行する者として正体を暴露されるのかもしれない。人間は、自らが周囲に張り巡らしたのかもしれない牢獄の中で苦悩していたのである。

もっとも、このような、自らの生の秩序を構築し解体する人間という自己解釈は、人間の建設的な努力という出発状況を著しく誤認している――このことを認識するのにさほど深い考察は必要ない。自然がこれら人間の理論的、実践的な努力と明らかに折り合わないならば、人間は決して、自らが出会う自然を科学的に計算し技術的に利用するようにはならないであろう。自然科学と技術は、その無数の多弁な敵対者が主張するように、暴力行為――それによって人間精神は自らが出会う世界現実を自らが設定した枠組みに押し込めた――を通して成立するのではない。そうではなく、自然科学と技術は、計算される準備ができているか否かを自然に対して問う精神と、この問いに対して――自然に近づこうとする精神が自然に適合する公式のほうに歩み出ることが可能である場合に、そしてその場合にのみ――「然り」と答える自然との出会いの中で成立するのである。科学による自然解明と技術による自然支配の成功した努力の中で実現しているのは、人間と世界の秩序の中で予め描かれている対応関係である。人間はこの両者の相対の中に最初から備わっている関係を実現してきた、そして休むことのない集中の中でさらに今後も実現していく途上にある、という非難は、どのように人間に当てはまるというのだろうか！

すなわち、原子力時代の人間が歓喜と恐怖と共に掌中に収めている全権もまた、独裁的な指令の力で人間が所有したような可能性ではなく、人間にこの作用形式を提供する世界の側からも、この作用形式を支配する人間自身の側からも、同じように条件づけられ規定されているということ、このことは今さら何とかなるものではないのである。その全権はまた、人間精神と世界現実が理論的・実践的な分析へと互いに秩序づけられるところでのみ、現れてくるものなのである。

以上のような結果から、私たちの時代の自己理解は、自己非難――すなわち時代の告発者から罪を着せられるため、それに没頭して自らを見失いがちになるような自己非難——の重荷から解放される。その自己理解は、巨大な活動——その活動と共に、自然科学及びそれと固く結びついた技術からの指示に従って、私たちの時代の自己理解がそもそも存在するのだが——の中に、人間精神が犯す冒涜の証左を見る必要はない。その自己理解は、自負の感情——人間の発明精神の創造もその感情に権利を認めている——に躊躇なく身を委ねてかまわない。したがってその自己理解は、自らに疑念をもつ種が否応なくその犠牲にならざるをえないような麻痺とは無縁になる。そして言うまでもなくこの利得は、先に述べたようにある段階から次の段階へと避けがたく続く途上での休止はどれも、当然ながら無数の空腹やさらには死であがなわれなければならない、という理由で低く評価されてはならない。すでに自己保存の義務が、上で述べた生の体制からの離脱を私たちに禁じている場合には、やましいところのない良心を携えて自らの仕事に取り組めることは、ひとつの真の救済なのである。

Ⅳ

しかしながら、このような復権によって、私たちの古典的思想家が「脅威にさらされた〈人間性〉」という名称で表現されるべきと考えていた考慮や憂慮もすべて、すっかり用済みとなり放擲《ほうてき》されるのだろうか？「**機械化**」や「**大衆化**」といった概念で把握されるべきと考えられていた現象は、自らを責め苛む心気症の産物としてその正体を暴露されるのだろうか？この点において、私たちの時代の自己理解が、脅威のない安全の感情に自らを委ねるとすれば、その自己理解にとってそれは有意義なことではないであろう。私たちを包んでいる生と労働のシステムは元来非の打ち所がなく、その構築と解体において事物の中に存在している要求を充たすものであること、このことが、そのシステムの活動の内部におけるありうべき毀損《きそん》に対する確実な保障となるとは限らない。人間に固有の活動と創造のさまざまな形式の中に、その形式の一部をなす可能性である、堕落と自己倒錯への誘惑を含みもたない唯一の形式が存在するわけでは決してない。そして、ここで話題となっている生のシステムについては、まことに、そのような可能性を少なからず自らのうちに含んでいるのだ、と語られてかまわない。その可能性の存在を確認し、その可能性に対して警戒すること――このことが、私たちの時代の自己理解の前に立てられている第二の課題である。

私たちは、「自然」との理論的、実践的な関わりが始まる時、「事物」が思考にその道筋を指示し、行動にその手続きを指示する際の仮借なさについて語った。そこでは人間は、いかなる回避も許されない「必然性」のもとに自らが置かれていることに気づく。ところでこの必然性は、それが**因果性**――私たちは「自然」を観察する時、物事がそれに支配されていると考える――の強制と同一視されるとすれば――このことはまれではない――、それは甚だしい誤解であろう。これは、自然の因果連関を思考のうちに究明し、行為のうちに自らの計画に役立てる人間は、この自らの思考と行為それ自体の中で、自らがそのような形で注目し利用する因果連関の中に再び立つことになるかもしれないからではない。人間はその連関を「客体」としてその視野に収める。しかし人間がその連関にそのような形で全体として注目することができるということは、「主体」としての人間は人間が客体として対峙している装置にこの彼の行為とともに組み込まれてはいないことを証明している。すなわちその限りにおいて、人間は事物への専心によって自らの**自由**を脅かされているわけではないようにみえる。もっとも、主体が因果的に結合された自然の出来事の装置に対して**観察者**の態度で対峙する限りにおいて、その自由への脅威が現れないとすれば、同じ主体がその理論的な自然研究の成果を自然「支配」という**実践**に置き換え、その成果の内容と形式のためにその置き換えが人間にとって退けえないほどに当然であると思えるようになるや否や、否応なく状況の変化が生じる。理論によって究明された「事物」が、まさに「技術的な」有効活用への指示を含んだ秩序や構成の中に現れるとすれば、人間の外的な存在の形態の中ですぐに使える形で人間に提供されている指示に従うことを、人間はいかにして控えることができるだろうか！

人間がこの要求に応じることにより、あらゆる部分で事物の指示に従って構成されながら、工業生産の巨大構造が形成される。その構造は、その広がりの全体において、人間が製造にあたって注ぐ解明的な思考と創造的な意志の作品ではあるのだが、しかし最後には、まるで外から、あるいは上から降りかかる運命としてまさに同じ人間にのしかかる。個々人はこの全体を運命として感受する。なぜならその全体は、人間につねに新たにある働きを、すなわちその内容とその範囲を人間の個人的な衝動よりもむしろその全体に由来する強制に負っているような働きを、要求するからである。機構の全体がその規定に応じた経過をたどり続けるためになされなければならないことを、人間は継続しておこなわなければならない。そして、このような人間の隷属化は、人間自身が創り出した生の構造によって、確かに工業生産のシステムの中で最終的に完成された形で、またいわば数学的な精密さをともなって現れるが、しかしこの作用空間に限定されている。このことについてより詳しい説明は不要である。しかしながら、私たちの現代的な生と社会の秩序の構築の中で、すべてを包括する組織――個々人はその組織によってまさに要するに「歯車」へと、すなわち全体の側から彼に割り当てられる労働の課題の実践者へと、格下げされる――の運命の手に、いささかも落ちていない作用の領域はなお存在しているのだろうか。

「事物」への専心は、もちろん自由の行為であり因果的な必然性の結果ではないのだが、次のような生の状態を現実に引き起こすことは疑いえない。すなわち、不安を覚えさせるほどに自由の呼吸空間を狭め、それによって実際、まさに人間存在の本質をなす事柄において敏感に人間を問うような状態である。時代の自己理解は世間一般の時代批判を、その批判がこの人間存在の危機を指摘している限りにおいて、正当と認めなければならないこともまた疑いえない。しかし、その限りで時代の自己批判が正当である場合には、次の問いを免れることもできない。すなわち、この時代の子どもとして人間がそれに直面していることに気づく人間存在の危機は、過ち――自然に対する暴力的支配のために人間という種はそれに責任がある――に対する自業自得の過料ではなく、ほかならぬこの自然が人間をもっともな仕方でそれに導いた振る舞いの、すなわちいかなる非難も向けられない振る舞いの、当然の結果であると私たちが言わざるをえない場合に初めて、そのようなものとしての人間の存在は深く驚愕《きょうがく》させるような外見を帯びるのではないか、という問いである。それはあたかも、人間が、自分の意志とは無関係にその中に置かれている生の状況を通して、最後には物理的、道徳的な自己否定の危険にさらされることなしには実行できないような活動へと動機づけられ、いやむしろ強いられているかのように見えるのではないか？

しかしまさにこの問いへの回答のなかに、次のことが示されている。すなわち、私たちが「自明性」と名づけた生の体制へと意識を向けることは、全体を毀損することなしに消え失せてもかまわないような精神的な贅沢ではなく、十分に発展した人間存在の家計の中で、その力のみが無条件の事物への専心を越えて自分自身を見失うことから人間を守ることができるがゆえに、欠くべからざる内的な力なのだ、ということが。ともかく、人間が人間**として**ますますそこからの要求に降伏したい誘惑にかられるような労働の構造を構築するよう、事物の世界は人間を促す、という事実が、その事物の世界の変え難い本質の中に存在しているのである。人間存在に対する絶え間ない脅威に等しい、進歩した生の難問題への**洞察**以外の何が、それほどまでの自己放棄から人間を守ってくれるというのだろうか！自省は、事物のための自己喪失に対する不可欠の矯正手段なのである。

すなわち、現代の発展がもつ破壊的結果を無力化するために私たちは何をなすべきかと問うならば、答えは次のようになる。すなわち、**身を守る力**は先行する考察の中ですでに明らかとなっている、と。見かけ上は、この考察の中では、現代の生の秩序の構造——例えばその構造が自然科学と技術という推進力のもとでいかに形成されたてきたか――を見通し可能なものにすることのみが目指されていた。見かけ上は、私たちの生の状況として知られているものの現状把握のみが問題とされていた。しかし実際には、解説されたことの中にはそれ以上のものが含まれていた。すなわちそこには、私たち現代の人間が事実として一定の存在の体制のなかに存在するということのみならず、この存在の状態の由来と本質に関して自ら釈明することが私たちには当然のことだということも、示されたのである。一般には、一方が他方に含まれているとは考えない。動物は次のような見方を人間にもたらしてくれる。すなわちある生き物は、省察を通してその生の状態の構造を意識化するという衝動を感じることもなく、その可能性さえもつことなしに、一定の生の状態に全く平穏に包まれることができるのだ、と。しかし、自らの存在の秩序を母のような配慮をみせる自然の手から受け取るのではなく、自らの計画と努力において構築する権能をもち、またそうするよう強制されている人間は、必然的にある成熟と意識の段階、すなわち人間自身が生み出した生の体制の成立、本質、そして価値について考えないわけにはいかない段階に到達する。そしてこの自省はさらに進んで、人間を自らのために動員する労働機構のメカニズムの中で、人間の生の体制の合理主義的な強化が人間性を低下させる危機へと人間を陥れるのと同じ程度において、生の必然性に向かう。というのも、人間を包囲する労働秩序はなぜ、いかなる点で、あらゆる事物への専心を経て自らを忘却するという誘惑に人間を陥れるのかを、人間が**知っている**場合にのみ、人間は自らを**用心深さ**へと教育することができるからである。それは、人間が自らの人間性を脅かす時代の諸力によって予期せぬうちに自己自身を騙し取られることがないようにするために必要な用心深さであり、人間の手に委ねられた事物に仕える中で人間の最善を尽くすこと、さらには単なる「事物の支配者」以上の存在となること、そのような存在であり続けることを人間に可能にする用心深さである。

　私は現代の生活の中で、その担い手がそのような用心深さへの義務を免除されていると感じてもよいような職業を知らない。おそらくその反例として、創造的な芸術家をあげることができると考えられるかもしれない。しかし私には、彼の活動を私たちの現代の社会秩序の枠組みのなかで「職業」と名づけられるものの充足として理解することは、彼の使命の本質に相応しくないように思える。私たちすべてを自らのために巻き込む合理化された生の秩序の外部に彼が立っていること、このことが彼の使命の高貴さの本質をなしている。しかしそれ以外の私たちは、すでにシラーが人間の形態の虚弱な形式、「自分の職業、自分の知識の複製品」（『人間の美的教育について』第六信）と呼んで弾劾したものにならないよう、一人ひとり用心することが必要である。しかしながら、用心することができるためには、私たちは、不断に私たちをそれ自身の複製品へと非人格化すべく作用している、あの近代の労働形式の発展に目を向けなければならないのである。

それゆえ自己理解の努力、その中で私たちが自らの時代を把握しようと努めてきた努力、先行する考察がそれについて私たちにひとつの見本を与えた努力は、現代の労働秩序の構造のなかからその内容が生み出される生の労働のただ中で、人間が**人格の尊厳**を保持する意欲と能力をもつための、不可欠の条件であることが判明する。その尊厳を欠くならば、人間は実際もはや、自らの労働義務を時間どおりにこなすことだけを考え、その上、自分自身であることをますます忘れていくような「歯車」以外の何者でもない。正しい道から逸れた父祖の罪を、尊厳を奪うような強制労働によって償わなければならない、という自虐的な観念から解放されたにもかかわらず、人間は、自分自身の中心と自らを駆り立てる日々の仕事との間に距離――あまりにしばしば俗物へと自己を喪失させるだけの単調な多忙さに人間が絡め取られることなしには完全に消し去ることができないとでもいうような――を作ってしまうのである。

V

しかし、人間が自己をあの用心深さのもとで守ること、このことは、その自己に義務を課すものがまさに自己の最内奥の核と共に事物の世界のあらゆる境界をはるかに越えた先を指し示すのであればなおさら、ますます必要となる。事物の世界は、その最高の完成においてもなお、行為する人間がそれを「**手段**」の世界と名づけることで事物の世界に指示するあの従属的な地位を引き受けることを放棄することはない。その産物に比類なき正確さで「手段」という性格を刻むこと、このことはあらゆる技術の本質をなす。しかし技術はいずれにせよ、それに仕える中で手段が立てられるべき「**目的**」に応じて、それ自体から、さらに問われなければならない。それ自体で捉えるなら、手段は「単なる」手段、すなわちその利用を待ちわびている手段である。その手段と共に開始されるべきこと、それを規定するのは「目的」を設定する**意志**である。その意志の承認が初めて、手段によって開かれた可能性の間での選択を終わりにする。この意志の活動範囲の広がりを確認するには、原子力の解放によって開かれた可能性を相互に隔てている距離を思い起こせば十分である。意のままになる手段の効力によって存在と非存在の間の選択の前に立たされている種が、手段の利用を規定する意志の決断の射程に関して誤った判断をする誘惑に陥ることはない。

しかし、目的の設定は、訓練された事物理解の責任ではなく、**決断**のために呼び出された自己の責任であるがゆえに、自らに課せられた責任の意識に自己が繋《つな》ぎ止められるためのすべてが生起しなければならず、この意識を弱める働きをもつ事柄のすべてが抑止されなければならない。その完成によって人間があの広範囲に及ぶ作用の可能性をもつにいたった同じ事物の世界が、同時に人間を奉仕――そのなかで人間は自らの自己をあまりにひどく見失うことになるだけの――へと強制すること、これは実に悲劇的な難問題である。この致命的な「自己意識」の弱まりに関して、現代の人間はあまりにも簡単に、手段の心配以上に目的への問いをほとんど忘れがちになる、という事実ほど決定的な証拠は他にないであろう。身体と精神のすべての力を手段の世界の拡充に注いでしまう結果、人間は、手段はそれ自体のためにではなく、それによって引き起こされるもののために献身すべきものなのだ、という意識を失う。外的な準備へのすべての傾注がそもそも**何のために**役立てられるべきかを全く知らない、空虚へと進み行く生にとって、これは一体どういうことなのだろうか！

自己のかけがえのなさ、自己に留保されている決断の代理不可能性に関して、疲れ果てるほどの釈明を私たちが行い、また私たちの時代の構造の中でこの釈明をおこなうために自己に与えられてしかるべき立場を私たちが自己に指示するならば、「原子力時代」という命名に異議を申し立てないわけにはいかない。なぜならその命名は、私たちが原子力科学に負っている成果が上がったことで、時代の運命を規定するという使命は最終的に、事物の世界に向けられた審級、むしろ「事物科学」へと移行したかのような仮象を呼び起こすからである。しかしそう見なすことは甚だしい誤解であろう。なぜなら、事物の加工が準備する手段の在庫がなお急速に増大し、この手段の結果が広範囲かつ徹底的になお息をのむほどに拡大するとしても――それでもやはり事物は事物のままに、手段は手段のままにとどまるからである。そして手段は、その利用について問いが立てられた場合には、技術が発展する以前の世紀がそれで満足しなければならなかった、手段の控えめな集積がそうであったのと同様に、目的を設定する自己の承認を必要とするからである。そう、自己が責任を負う決断の重さを、その決断によって生の中に引き起こされる結果の射程で測るならば、決断の場としての自己はなお、原子力と共にすべてを絶滅させる力が自己の手に与えられた時代においても、前面に出てきてはいない。

それゆえ、利用可能な事物の範囲が広がるにつれて、ますます自己から決断力と責任が奪われる、という考えほど破滅的な誤りはないであろう。事物と自己は結果の及ぶ領域を分かちあわなければならず、その結果、自己は失われていき、ついには事物の所有に帰する、というわけではない。自己の全権と責任は、事物支配の増大によってありうべき結果の領域が拡大するにつれて、増大するのである。人間の決断力を解き放たれた自然の力がもつ要求と交替させるという考えから離れることで、「原子力時代」の人間は、かつて人間の精神に置かれたことのないほど重い責任という重荷を負っていることに気づく。これこそが、私たちの現代の自己理解がそこで完結する洞察なのである。

文献

H・フレヤー『現今の時代の理論（Theorie des gegenwärtigen Zeitalters）』、Stuttgart 1955.

Th・リット『ドイツ古典期の陶冶理想と現代の労働世界（Das Bildungsideal der deutschen Klassik und die moderne Arbeitswelt）』、Bonn, Bundeszentrale für Heimatdienst, 1955.

Th・リット『Technisches Denken und menschliche Bildung（技術的思考と人間陶冶）』、Heidelberg 1957.［テオドール・リット著、小笠原道雄訳『技術的思考と人間陶冶』、玉川大学出版部、一九九六年。

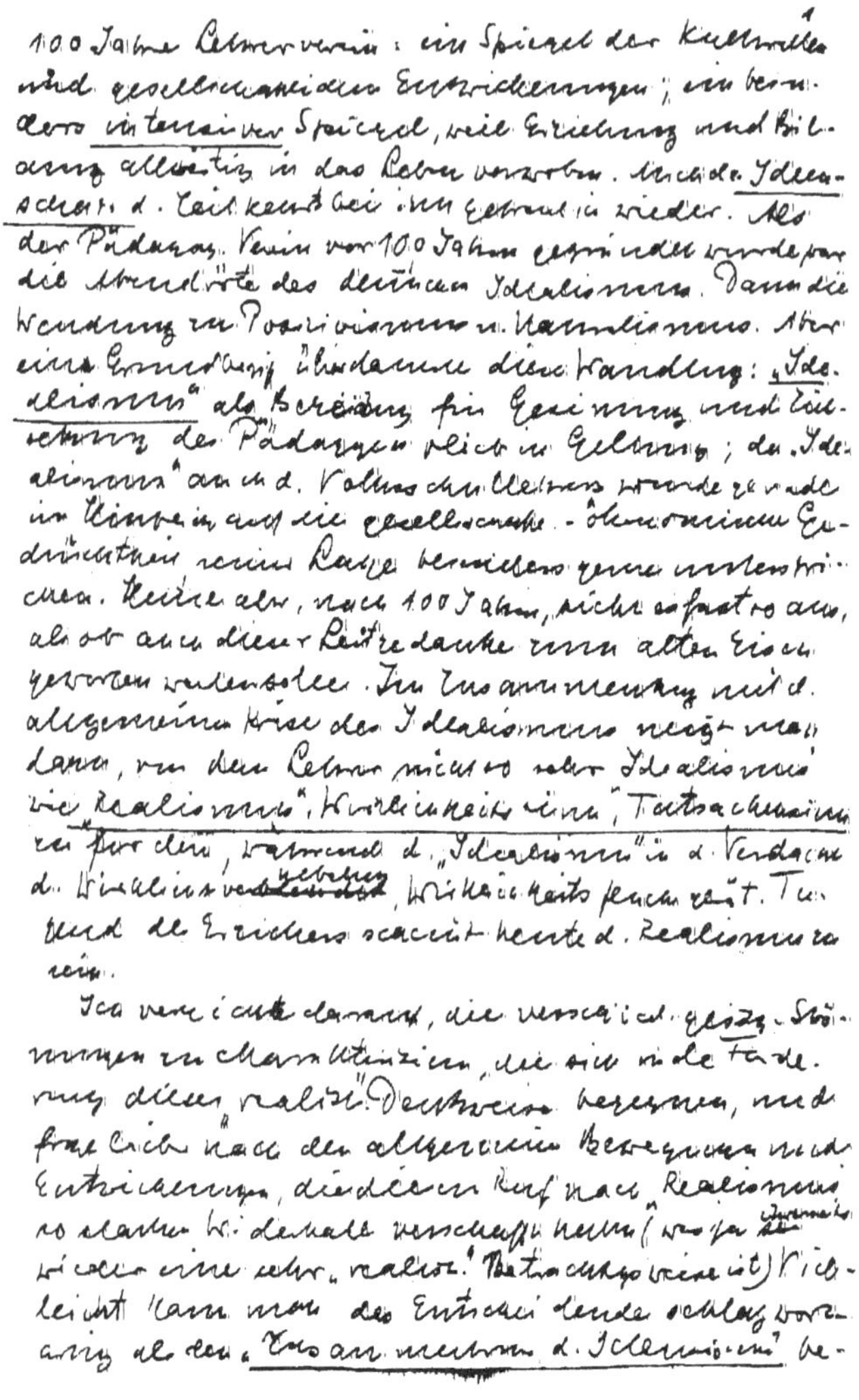

1

100 Jahre Lehrerverein: ein Spiegel der kulturellen
und gesellschaftlichen Entwicklungen; ein beson-
ders intensiver Spiegel, weil Erziehung und Bil-
dung allseitig in das Leben verwoben. Auch d. Ideen-
schatz d. Zeit kehrt bei ihm gebrochen wieder. Als
der Pädagog. Verein vor 100 Jahren gegründet wurde, war
die Strahlkräfte des deutschen Idealismus. Dann die
Wendung zu Positivismus u. Naturalismus. Aber
ein Grundbegriff überdauerte diese Wandlung: „Ide-
alismus" als Bezeichnung für Gesinnung und Ziel-
setzung des Pädagogen blieb in Geltung; der „Ide-
alismus" an d. Volksschullehrer wurde gerade
im Hinweis auf die gesellschaft.-ökonomische Ge-
drücktheit seiner Lage besonders gerne unterstri-
chen. Heute aber, nach 100 Jahren, sieht es fast so aus,
als ob auch dieser Leitgedanke zum alten Eisen
geworfen werden solle. Im Zusammenhang mit d.
allgemeinen Krise des Idealismus neigt man
dazu, von dem Lehrer nicht so sehr Idealismus
wie „Realismus", Wirklichkeitssinn, Tatsachensinn
zu fordern, während d. „Idealismus" in d. Verdacht
d. Wirklichkeits~~verachtung~~ gebrochen, Wirklichkeitsfeindschaft gerät. Im
Sinne d. Erziehers scheint heute d. Realismus zu
sein.

Ich versuche daraus, die verschied. geistig. Strö-
mungen zu charakterisieren, die sich in der Forde-
rung dieses „realist." Denkens begegnen, und
frage mich nach den allgemeinen Bewegungen und
Entwicklungen, die diesem Ruf nach „Realismus"
so starken Widerhall verschafft haben (wozu bemerkt
wieder eine sehr „realist." Betrachtungsweise ist). Viel-
leicht kann man das Entscheidende schlagwortar-
tig als den „Zusammenbruch d. Illusionen" be-

Th.リット　1933年講義草稿、「教育学－政治－世界観」冒頭

テオドール・リット　第二論文

原子力と倫理——原子力の経済的、政治的、倫理的諸問題——

自然科学的探求と倫理的意識

一瞥しただけでも沈思黙考せざるを得ないような主題について論述することを、私は依頼されている。「原子力と倫理」がその主題である。この主題で明らかなことは、現代物理学の基本概念と、善き生き方をめぐる諸問題を研究対象とする哲学上の一分野が並置されていることである。まさに、通常見られないような驚嘆すべき組合せと言っても過言ではない。管見の範囲内では、こうした組合せは過去には存在したことがない。すなわち、自然科学上の根本概念を倫理的意識の光に当てて論究しようという考えに至った事はなかったのである。我々の先人たちであったら、「電気と倫理」「蒸気動力と倫理」「重力と倫理」というようなテーマの設定は、大いに頭を悩ませる主題であったに違いない。明らかなことは、原子物理学の出現と共に、自然科学の意味を問わざるを得ない状況が我々の生活に招来されたということだろう。この場合の意味とは、従来の自然科学の形態の中では、意義があるとは考えられない、あるいは、より慎重に述べれば、今日までの自然科学の形態の中では、見て取ることが出来なかったものだ。今日、人口に膾炙した他の表現も見てもわかるように、そこにはある種の重点の移動が生じているのである。我々の時代は「原子力の時代」と呼ばれている。繰り返して確認できるのは、以下のことである。つまり、自然科学に由来する名前を時代につけるなどということは、思いもよらないことであった。自然科学によって刻印され、内容的にも規定された概念を使って、決定的な側面が特徴づけられる時代が初めて到来したと信じられているのである。疑いもなく、現代人にとって、原子力を対象とする科学は、身も心も虜にしてしまうような関心事となっているのである。

自然科学と倫理的省察とを結び付けることが今日まで全く考えられなかったということは、無論、十分理由のあることである。自然科学と倫理学は一見すると、相互に結びつくことがない、あるいは結びつけても稔《みの》り豊かではない関係にあるように見える。理にかなった生き方を探求する倫理学は、何をすべきか、何をしてはならないか、ということを論ずる学問分野である。

この学問では、人間の行為のあり方を決定する際には、倫理的規範の命令に従わせることによってのみ可能であり、すでにおこなわれた行為のあり方を検討する際には、価値と無価値の基準に従って行為を区別することによってのみ倫理的命令が可能になるのである。自然科学は、その学問的性格の本質に従えば、何であるか、のみを述べることができ、それ以上のことを言ってはならないような学問分野である。この学問分野の研究対象を正当なものと考えることが出来るのは、価値と無価値の区別を度外視するか、判断出来ない場合には、態度を保留したときにのみである。自然科学の形態は、近代という時代の条件の下で成立したので、価値の問題との精緻な取り組みを、徹頭徹尾対象外とした点にその特質があるのである。自然科学の方法は、大変に異なった価値を平準化してしまうに等しい。その理由は、自然科学の方法の本質が、「数理的な」自然科学であるからだ。自然を数理的視点から捉えるということは、徹底的な量的アプローチを取ることになる。この量的アプローチはと言えば、質的な相違を度外視することを意味する。言うまでもないことであるが、質的な相違を度外視すると、質的相違と切り離すことが出来ない価値的な相違が抜け落ちる結果となる。質的・価値的な相違がすべて条件なしに度外視されてしまうという典型的な事例は、物理的な光学や音響学を用いて解析される視覚や聴覚の質的感覚に、その宿命を見ることが出来る。色や響きの見事な多様性が、数理的体系の中では、計算可能なある種の「波」へと回収されてしまうのである。

ここで倫理的な意識にもとづく態度と、現実の自然科学的探究をおこなう態度を対比的に論述してみると、両者は互いに正反対の方向を見ているかのような印象を与える。ポアンカレが自然科学者の立場から定式化した、よく知られた対比に気づくことになる。すなわち、自然科学の言語は、命令法ではなく叙述法である、というのである。

しかしながら、このまなざしの方向が正反対であるということを深く納得すればするほど、さらに疑問となるのは、我々の時代には、どうして自然科学と倫理学を連携させなければならないと感じさせるのか、ということである。例えば、数理的な自然科学が、原子力の研究へと対象を移動させるとともに、性格が変わり、質の問題、つまり価値や当為の問題を研究対象に取り込むようなことがあるだろうか。そうして、自然科学が新たな形態を取るに従って、本来のあり方とは違って、徳の問題に発言権をもつというようなことがあるだろうか。

物理学の権限が近年の発展によって、上述のような方向へと大きく拡大したこと、このことは、誰しも認めざるを得ないと感じられるのではないだろうか。というのも、多くの原子物理学者たちが、こういった問い、すなわちそれまではすべての自然科学の研究可能な埒外にあると見なされてきた問いも、自然科学的な考究の中へと組み込むことが出来ると力強く確信していることを見て取ることが出来るからだ。物理学を中心とする自然科学は、有機的生命の発生の問題、肉体と精神の関係の問題、意志の自由の問題、さらに言えば、世界の生成の問題を論ずることは出来ないわけがない、と信じているばかりではない。それどころか、これらの諸問題の解決に寄与することが天職なのだとさえ信じているのである。しかしながら、こうした自然科学は、数量化することが本来的なあり方であるとする自己の限定を徹底的に打ち壊してしまっているのである。このような自然科学は、自己の思考の地平をすさまじい勢いで拡大し、それまでは宗教や哲学の中でこそ十全に論じられる人間的自己意識にゆだねている究極の問いをも視野に捉える事が出来るというのである。

近年の物理学の展開が、数理的自然科学の研究者の限界を拡大させるように勇気づけるだけではなく、権限をもっていると本当に考えるようになるとしたら、人間には善き生き方をすべしという課題が与えられている、という考え方から生ずる問いも、数理的自然科学の研究者の研究対象に含まれるということになってしまうのではないか。原子物理学は人間固有の道徳心の領域に、大手を振って入り込んできていると言えることになってしまう。

まさにこうした帰結を得ることが、一時的に限界の拡大を認めることになろうとも、完全には回避することが出来ないのである。このことは、特に次の点からはっきりと認識できる。計量的な自然科学にとって、究極的な人間の問題を解明しようとすると、共同決定の権利を何とか手に入れることが出来るのは、自然科学固有の方法論的性格から逸脱し、この性格とは切り離す事が出来ないはずの問題を切り離していることを、暗黙裡に、しかも何の釈明もなくおこなった場合である。自然科学者は、こうした問いに取り組むとすぐに、一般的な自然法則を探求する認識主体であることを自動的にやめてしまい、一個の生きた人間へと態度を変容し、個人としての存在としての奥底から自己の態度を決定し、許諾を表明し、意志の方向性を定めてしまうという誤りを犯すのである。最近の物理学の発展は、人間の思考に新しい観点を開いてきたかもしれないが、それでもなお「**物理学的な**」観点を越え出てはいない。その限りにおいて、人間存在の諸問題の解明に向かう思考の地平拡大を意味するということは出来ない[1]。

しかしながらこのことは、原子物理学への発展的移行が、研究上の内在的な事柄に過ぎず、人類全体に関しては、特段の意味をもたないということではない。この発展が人類のあり方を根本から決定的に変容させてしまったこと、このことは、現代の思慮深い人間なら誰でもが、見逃してはならないと感じている事実である。それ以上に確認されねばならないことは、ここで示唆された状況の変化が、まさに現代の人間にとっての愁眉の問い、すなわち人間が道徳的責任をもった行為を要求されている主体として考えられている、この前提から派生する諸問題と明らかに関連してきていることである。ただ疑問視されねばならない見解や主張は、原子物理学が招来した状況の変容は、数理的自然科学の権能が倫理学の諸問題にも広がるということを必然的にもたらし、またはっきり示されるようになる、という考え方である。新たな物理学は、その権能が上述の方向へと一歩も踏み出していないにもかかわらず、不確実な風評を撒き散らしている。さらに言いかえるならば、物理学には期待されているような種類の研究拡大は全く見られないが「**ゆえに**」、かえって風評を撒き散らすことになる、と。

混乱を未然に防ごうとするならば、この点を洞察しなければならない。

根源的な視点から見た世界との出会いと対象化を特質とする自然探求

我々が対峙している世界を統制し利用することに資するような自然科学的思考を我々は必要としてきた。例えば、数理的自然科学が直観を用いて、世界を合理的に説明しようとしたことが、例としてあげられる。数理的自然科学は、徹頭徹尾、量的な科学として、すべての価値的な相違を極力消し去ってしまうがゆえに、こうした世界の統制作用を前面に押し出すこととなったのである。

さてここで問題であるのは、我々がこの科学の中に、「**すべて**」の自然把握に内在する傾向のひとつが、本当に単なるひとつの「事例」として、特に説得力をもって顕在化しているように見えるにすぎないと考えてよいのか、それとも、科学の中に新たな事態が出現していると考えてよいのだろうか。より明確に述べるならば、問題は、科学の中で、それまで貫徹しようと奮闘してきたある傾向が勝利するということが結論づけられるのだろうか、ということだ。その場合、後者に軍配が上がるということが、我々の固有の思考過程を通してみれば、穏当な結論であると考えられる。というのも、我々が明示しようと試みている思考方法は、すべての価値の相違を平準化することに特質を有するのであるが、しかし、この方法を遂行している者は、当初は質的な相違を含んだ、そして価値的な違いによって階層化された世界を認識している。その後に、価値自由の世界は、価値に満ちた世界に対抗しつつ形成されて来るのである。

このようにして発見された事態を認知することは、論述を困難に陥れる。我々円熟した文化の時代の人間は、対峙した世界を価値自由な調査結果の総体に変貌させるという、いつもの自然把握の仕方に慣れ親しんでいるので、そもそも人間はすべての時代にわたって、人類誕生以来、自然をそのようなものとしてのみ理解し、違ったように理解することは出来なかったのだ、という意見に我々は傾きがちである。この見解によれば、自然のこの形態の中で人間に対峙しているものは、まさにはるか以前から、そして最初から「対象」の複合体以外の何物でもなかったのであり、その対象は、対象に分かちがたく有しているあらゆる価値的な付属物を捨象して、対象を文字通り「即物的に」観察したものにすぎないことになる。自然に対してこうした態度を取るということは、不可避であった。なぜなら、人間は出来るだけ「即物的」な手続きを経て獲得した自然科学的知識にもとづいてのみ、対象の理解を成し遂げることが出来た、と考えられたからである。対象を動かしている価値的要素は、究極的には排除することは出来ないとしても、自然そのものを真の姿で把握出来るようにするためには、暫定的に、除外しなければならない、というのである。人間が苦心して多面的な観点から自然を解明出来ると主張出来るようになったことこそが、自然が人間に対し「対象」として、神秘の扉を開いた証左であるといわれる。

仮に、ここに描写された考え方に一理あるとしても、次のような帰結は保留しなければならないのではないか。この保留すべき帰結とは、数理的自然科学、すなわちヨーロッパ精神の近代の果実は、人類の誕生以来支配的であった思考方法の直線的な発展あるいは最終的な完成である。いや、「そうでなければならない」。なぜならば、人間はこの援助者がなければ、人間に対峙している自然に屈服してしまっていたに違いない、という考え方だ。

私はあえて次のように主張する。現代の人間が、もし上述の考え方に賛意を表するようなことになれば、運命を把握する自己自身の可能性を奪うことにはならないか。つまり、その運命とは、数理的自然科学の発展が人間自身にもたらしたものであり、この自然科学から生じている誘惑に抗する内的な態度へと教育することを不可能にする運命へと陥らないであろうか、と。

我々が現在生きている世界史的状況で特徴的なことは、我々に提起されている要求が緊急のものであり、そこには心を痛める経験の跡が見られるということである。我々は、この警告を馬耳東風と聞き流さないようにしようではないか。

我々が認めなければならなかったことは、まさにこのことである。数理的自然科学において、人間の思考の根本的傾向が現れるに至った。その傾向は、より根源に近い、より事実そのままの自然との対峙の仕方に抗しながら、また世界とのより直接的な取り組み方へ異議申し立てを開始することにおいて形成されてゆき、結局、勝利を得た方法なのである。この前科学的形態の自然把握は、我々にとってただ単に、人類の発展史の過ぎ去った時代に由来する、その時期の人間の世界体験について立証する証拠からのみ知られるのではない。――これらの証拠は、「原始的な」人類のあり方すべてに見られることは、現在の我々が確認することが出来る。――それどころか、これらは我々自身、つまり徹頭徹尾合理化が進んだ近代の申し子である我々にとっても、縁遠いものではない。もっとも間違った自己解釈かもしれないが。我々もまた、計量的科学の呪縛から解放するや否や、我々に対峙している自然を、真に生き生きとした直接的な対象として体験する。しかしそれだからこそ極力、この単純化され、直観的に思い浮かべることのできる世界から身を守らなければならない。たとえ数学的な形態へと完全に組織された自然科学がその形式主義の体系を打ち立てたとしても、防御しなければならないのである。

こうした確認をしたからといって、我々は、計量的自然科学への移行の中に、現代の人間の原罪があるのだ、という烙印を押すべしと主張する、あのヒポコンデリー（心気症）的な文化批判者の信奉者に加わるというわけでは決してない。この移行は必然であり、起こるべくして起こったものなのだ。間違いなく、人間と世界の関係の中に、最初から組み込まれ、予定されていたのだ。しかし我々が注意深く距離を取らなければならないのは、昔から歩んできた道をそのまま直進する以外の可能性を転換の中に見ることが出来ぬゆえに、上述の転換の人間にとっての意義と限界の範囲を判断不可能にしてしまう過誤なのである。自然科学的思考は、価値の平準化によって、計算可能な「対象」という形式を自然に付与する。その思考は成立し勝利宣言をした。この人類の状態において、自然科学は我々に今日初めてその脅威的な容貌をあらわにした。我々はこの移行の帰結について混乱を回避するために、その有効範囲について論究しなければならない。

自然の対象化に由来する思考が、自己の立場を首尾一貫して貫徹するに従って、それとは対称的な見方である価値に満ちあふれた体験的自然は、かえって価値の等価性へと貶《おとし》められた「事物」へと大きく変貌してしまう。元来、倫理的責任は存在するものすべてが担っていたにもかかわらず、数理的自然科学において生じているように、取るに足らない地位づけを事物に付与することによって、この倫理的無関心さは頂点に到達するのである。事物は固有の価値を欠いているがゆえに、人間の恣意的な使用に投入される。そして非常時には消耗品とみなされる。事物は常套語を用いれば、「**手段**」となる。固有の価値の欠如のゆえに、他の価値のために使用し尽くされるものを我々は手段と呼ぶ。

数理的自然科学において、自然の対象化が究極にまで至っていることは、数理的に算定出来る物に切り詰められた事物は、同時に、手段として最高の確実さを持って使用可能な事物である、ということにきわめて明瞭に示されている。というのも、計量可能なものは、計画策定時に予測可能なものであり、実行に移す際に効果が計量可能のものなのである。自然科学により予測可能となった「事物」の世界は、行為のために使用可能となった「手段」の世界なのである。

この言辞において、我々が立ち返った根本命題は、数理的自然科学と「技術」の連帯、という我々の時代によく知られた事態に他ならない。というのも、技術とは、成立の根拠から見れば、自然科学によって自由に使用可能となった事物を、そのまま行為の手段へと観点を変えて、転用したものだからだ。

こうして、自然科学─技術という双子の中に、自然の対象化を目指す運動の目標地点があらわになる。しかしそれは、対象化に抗する、素朴な前科学的な世界意識への愛着や親しみと抗争することを通して、初めて成就されるのである。当然のことながら、そのような奥深い自然科学成立の抗争は、現実には長い時間的広がりにわたる格闘というかたちを取ってきた。数理的自然科学は何千年もの期間をかけてようやく興隆してきたのであるから、我々はこのドラマの最後の一幕を観賞しているように感じる。この過程を見ると我々が、矛盾に満ちた過程の中にいることがわかる。ちょうど、価値自由の対象に向かった思考が、伝統的な世界把握、つまり価値自由な世界把握ではない事物の絡み合いや覆いから生じてくる事を見るわけなのだ。先に指摘した対応関係に関連して、以下のように主張してよいであろう、つまり(倫理的責任をともなった─訳者注)思考を不可欠なものと考えれば、完全な価値自由性にもとづいた「事物」は全く考えられないことになる。それと同様に、［価値自由性にもとづいて］自由に使用できる「手段」を作り出そうとすれば、思考は不必要なものとなる。つまり、すべての運動には比率が問題なのだ。すなわち、事物にかかわる理論的規定が厳密であればあるほど、それだけ計画の中であらかじめ予見された手段は信頼できるものとなり、手段の実践への投入は大きな成果を得ることとなる。自然科学によって定礎された技術の出現と共に、この比率が究極の明確性と十全な実現へともたらされるに至った。我々がこの時点から人類史の発展の道を反対方向へと、つまり過去の方向へとたどるに従って、この自然科学と技術という二項の区別の明確さが失われていき、区別自体が消失してしまう。最後に我々がたどり着くのは、観察によって見出した「事物」と行為に使用する「手段」の関係を全くわからない人間の意識の状態である。この発展段階の人類は、「**魔術的**」な、あるいは「**神話的**」な意識の状態として我々に知られている。この段階の人間の内面では、こうした種類の［自然科学的「事物」と、それに対峙している自己という］区別や差異をせずに、周囲の世界と関係をもっていたことを我々は得心する。この時期の人間は、技術を用いて計画し、行動する人間とは正反対の人間である。

自然科学―技術という双子のペアによって示された高みへと登り、「事物」やそれと本質的に重なり合う「手段」を解き明かして初めて、この高みにいる者は、自然科学の発展の意味と方向性を十全に解明し、理解するのである。［自然科学が志向する］目標に照らして初めて人間が進んでいく道の方向が明らかとなる。我々「原子力時代の息子たち」は、我々自身が「手段」の使用の方法を知りつつ行動する能力や才能を持つ生物であることの意味を、このようにして正しく判断することが出来る。我々がこうした形態の行為が出来る生き物であるということを論じて初めて結論を導くことが出来る。

最終的な結論を述べるまでに、やや詳し過ぎる予備的な論究をおこなってしまった。

手段の規定と目的設定

日常の言語使用からすでにわかることは、「手段」という概念に対して、「目的」という概念が必然的な補完としてつけ加わるということである。「手段」を探ろうとするのは、「目的」を追求しているからである。「事物」は、ある「目的」を実現したいという願望や意図をもった主体の立場から吟味されたとき、そしてある「事物」の中に「手段」を見出した時に、初めて目的実現にかなった「手段」となる。

目的はすでにある物でも、与えられたものでもない。目的は「**設定**」されねばならない。主体が目的を設定することによって、ある意志的内実が選択され、あるいは両立しない意志的内実は排除される。肯定的であれ、否定的であれ、ある定まった態度表明がなされる。そこである種の区別がなされるのであるが、それは本質的な意味内容に従って特徴づけるならば、「価値づけ」と表現されよう。目的を設定する主体とは、ある定まった価値づけをおこなう主体である。

こう考えることにより、「手段」の地平と「目的」の地平の決定的な区別が明らかになって来ている。手段の世界は価値決定を排除するに従って、より十全な姿を現すのだ。ここで言う排除がより完全におこなわれるに従って、価値決定にかかわるすべてのものが「目的」の地平へと集結する。価値自由な手段の世界と価値によって規定された目的の世界は、妥協を許さないほどの鋭さで対峙している。価値自由の自然科学を基盤とする技術は、価値自由の手段の究極的な形態である。手段は目的——それは、［手段の地平と］全く同一の自立的な性格をもち、価値を強調する地平を形成しているが、——に対する必然的な対概念である。

我々は冒頭で指摘したように、「あるべし」としての学としての倫理学に「ある」としての学としての自然科学を対置したが、すでに明らかなように、ここまでに光を当ててきた地平の区別は、まさにこの冒頭の区別と関連している。というのも、人間が「あるべし」あるいは「あってはならない」ということ――まさにこれは倫理学が原理的な形で答えることを課題としている問いであるわけであるが、これに対して、自然科学は「ある」の中に、人間に目的実現の手段として人間が自由に使用できる実在を明るみに出すのである。このように、我々が導入部の論述で既に言及した問題設定は、実際には、近代社会になって初めて十全な形で構成されたことになる。

我々が想定している爛熟した文化の段階にある人間の状況は、「「事物」の世界と、「事物」を思考する人間へと」分割された両方の地平の再統合を課題としているのではなく、分割されているのが自明となっているのである。現代人について主張できることは、それ以前の時代の人間と比べて、少なくとも「**一点**」においては、勝っているということである。現代人は、自分に対峙している世界を熟視して考えた場合、何を自己自身、つまり意志をもち、行為する主体の責任として引き受けなければならないのか、何が人間にとって「対象」として直面する世界の側にふさわしいのか、を非の打ちどころのない明快さで見て取ることが出来るのである。すなわち現代人が見て取ることが出来ることは、自己展開する世界（der eigen-ständige Weltlauf）と自立的な自己（das selb-ständige Ich）の両者は、ふたつの党派のように相互に対立し、架橋することが出来ないということである。問題をはらんだこの分離がまだ生ずる以前であったなら、人間は世界と関係性を有した存在として、世界と合一であると感じることが出来ていたのであるが。もしそうであったのなら、世界の推移と自己の判断の双方に、どの程度の割合で生起した事柄の責任があるのかを、議論できたのであるが。［世界と自己のどちらにどの程度責任があるか、という点に関する議論への］関心は、［現代では、世界と自己は統合不可能であり、責任は自己のみが負うという事態が招来されているのであるから、］過去のものとなってしまった。しかしながら、技術の発展と共に生じたように、もし世界がこのようにして手段の武器庫へと貶しめられ、自己もまた同様に目的設定の主権者へと高められるならば、誰が事の成り行きに責任をもたねばならないのか、という点については、意見の相違は生じえない。「目的」の規定がきわめて明確に主体の側へと移された場合、対象は「手段」以外の何物でもないのであるから、共同決定の権能を剥奪されることになる。こうした事態では、責任の所在に関しては、疑念が表明されることはない。人間は世界に対しても、自己自身に対しても、目的の決定を自己自身で引き受けなければならないのであるから、自己に責任の所在があることを否認することは出来ない。

科学の主唱者が主張する意見、つまり、科学の発達に付随して、それだけ確実に、人間の生を「導く術」を手にすることが出来るのだ、という意見ほど誤ったものは考えられない。事実は全く正反対なのだということは、この意見を好んで口にし、それを擁護する人たちの諸学の進歩がそれを示している。その学問こそ自然科学に他ならない。と言うのも、一方で、容易に見てとれるように、人間は自然科学によって、想像を絶する効能をもつ手段の備蓄を急速に増やしている。しかし他方、この備蓄の量的増大が生じ、手段が仮に全く疵のない完璧さを備えているとしても、手段以上の物にはなり得ないことについては、何ら変わるところがない。そての帰結として、人間の有する目的設定のための全権は、何の限定もなく、究極の完璧さを持っていると主張してよいことになる。逆に主唱者たちに対して次のように揶揄してもかまわない。自然科学の主唱者たちにとって、自然科学の完璧さがどれほど増しても、この完璧さと表裏一体をなす責任の高みへと自然科学者が上昇する支えとはならない、と[2]。

手段の世界のアンビバレンス

しかしながら、手段の備蓄が拡大し完全になればなるほど、目的を設定する主体としての人間が担うべき責任の負担がますます増える理由は一体何なのだろうか？この問いに答えうるために、我々はまず、手段の領域と目的を設定する意志の領域の間にある連関、担うべき責任の圧力として感じられるその連関が何にもとづくのかを注意深く見る必要がある。

「手段」の世界は、「事物」の世界と重なるため、価値と無価値へのあらゆる問いに対して最も厳正な中立性を守り、またそれに対応して、「目的」が決定されなければならない時はつねに最も謙虚な言葉さえ口にしてはならないこと——このことは、人間が目的を設定しながら、あたかも目的に背を向け、注意を払わず、視野から追い払っているように理解されるかもしれない。しかしながらそのように判断することは、目的を設定でき、手段を使用できるのは結局のところ同じ主体だということを忘れることを意味していよう。思考がそれぞれ別々の機能に振り向けられるとしても、そのことを、これらの機能を行使する主体が二分割されることとして理解してはならない。つまり、思考が目的に向くやいなや、手段の世界が視野から消えるということでは全くない。逆である。主体が目的を可能と見なしかつ検討に値するものと見なすよう強いられていると感じるのは、目的実現の手段をすでに所有している、あるいは少なくとも所有する見込みがある限りにおいてである。近い将来何らかの目的を実現するための手段に到達する、という希望が少しもないならば、人間は目的も設定しない。このように、目的を思量する上で確実に作用しているに違いない誘因は、すなわち手段の自立した世界から発せられているのである。

もっとも、手段の世界はこのような誘発効果によって、その性格にとって決定的な本質をなす中立性を放棄する、という考えには注意が必要である。手段の世界が人間に提供するもの、それはひとつかみの可能性以上のものではない。このような可能性の中のひとつをそれ以外の可能性から際立たせる——その結果人間が、それ以外の可能性に抗しつつそのひとつの可能性に自らを合わせるよう強いられていると感じるほどに——ことは、手段の世界の規定と合致しないであろう。逆である。人間とは、つねに新たに選択し決定する中で自らの人生行路を確定するよう定められている存在である。人間はそのことを数多くの行為の可能性を繰り返し思い描くことで経験するのだが、これらの可能性の中のどれひとつとして、人間の選択的な判断がまさにその可能性にとりわけ引きつけられていると感じるかのように際立たせられ、強調されてはいない。あらゆる手段は、影響を及ぼす作用をすべて断念し、他の可能性の背後に回り、少しも前面に現れ出てこない限りでのみ「手段」である。選択する決定は、目的を設定する意志の事柄であり、それであり続ける。

一見すると、提供されている数多くの可能性の中から、全く影響を受けずに、無制限の自由の中で選択する必要のある人間は、あたかも真に羨むべき状況にいるように見えるかもしれない。人間のありうべき目的設定に関して手段の世界が負っている中立性は、それが意志の主権の条件であるという理由から、歓迎されなければならないように見える。

しかし、物事をそのように見ることは、物事をきわめて一面的に見ることを意味している。手段の世界の不偏不党性は、詳細に検証すると、非常に憂慮すべき裏面なしには得られない利点であることが明らかになる[3]。

人間が設定する権限をもつ目的は、きわめて多様な質と、きわめて異なる等級をもつ。目的は、その目的にもとづいて具体化される評価と同様、豊かに段階づけされている。目的は、もっとも賢明で高貴な計画から、もっとも愚劣で不埒な計画に至るまで幅広く広がっている。あらゆる目的が手段の世界に——すなわち、あらゆる計画の価値と無価値を問わない手段の世界、その計画に手段の世界から提供されたものだけが利用できる限りにおいて、その計画にあたかも進んで役立とうとする手段の世界に——手を付けうるということ——目的にはそのような性質があるにせよ、あるいは目的がそれを望むにせよ——について、満足感を感じる理由がここでまだ他にあるだろうか？　あの中立性がことほど明らかに役立てられる自由は、破壊する自由でもあり、構築する自由でもある。その実現が促されるよりもむしろ妨げられることが望まれるような目的、換言すればその実現に対する援助が拒まれるような目的に対しては、手段の世界がその不偏不党性を捨て去ればよい、という願望は、いかに当を得ていることだろう！

なるほどもっともな願望、しかしながらその矛盾ゆえに実現が拒まれねばならない願望である！　手段の世界は、それが価値を区別しようと望むならば、自ずから「手段」の世界であることをやめるであろう。「事物」の学問、すなわち「手段」の学問が、この価値内容の区別に手を付けようと望む場合に被るかもしれない運命こそ、その証拠である。その学問はすでに、この方向性をごくわずかであれ認めることにより、その方法としての性格を失い、学問であることをやめているのかもしれない。またその結果、「手段」についての情報を与える能力を失っているのかもしれない。

我々は、上で描写された願望の拒否がそこから生じるような手段の世界の独自性を、その両義性、つまりその「**アンビバレンス**」と呼ぶ。それは、称賛されるべき事柄にも非難されるべき事柄にも等しく進んで役立とうとする手段の世界の、不変の本質である。それはまた、「目的を設定する」主体であることによって同時に手段の世界のアンビバレンスを提供されている人間の生の状況の本質的な特徴でもある。

目的を設定する人間の状況

しかし、このようなアンビバレンスは、上で述べたことによってまだその完全な深さが測られていない。我々が次のような難問題を引き受ける場合には、そのアンビバレンスはさらに威嚇的な相貌を現す。

もしもすべての手段がそれに割り振られた、それに**のみ**割り振られた目的に結びつけられ、したがってすべての目的がそれに割り振られた、それに**のみ**割り振られた手段に結びつけられているならば、手段の世界を通じて提供されている可能性の中で秩序を確立し、それを一方では実現に値するものに、他方では実現に値しないものに分類することは、人間にとって比較的容易な作業であろう。なぜなら、もしそうであれば、目的の世界のなかで支配する秩序は、手段の世界を構成する秩序の中に対応する像をもつからである。可能性の全体を概観する一覧表のようなものがあるかもしれない。しかし実際には、そのような手段と目的の一対一の結びつきを語ることには意味はない。全く逆である。手段の世界を特徴づける中立性が、それ自体で真価を発揮する場所はどこにもない。それは、同じひとつの手段がほぼつねに**多数の**目的のために使用されうるという状況と同様である。そしてこれらの目的は、同じ手段に結びついているとしても、その内実からすれば、共通の関係を期待させるがごとく互いに類似している必要は全くない。またもや全く逆である。同一の手段が、本質と内実から見ると互いに根本的に**対立して**いるような目的実現の可能性を、ことほど頻繁に開くことによって、手段の世界の不偏不党性が決定的に証明されている、ということをこれは意味している。まさに最も効果的で最も多様に使用できる手段は、あの幅広さの両端で自らに割り振られた目的、すなわち互いに著しく矛盾する目的にも、等しく進んで役立つことを特徴とする。同じ手段が、災いを引き起こし、救いを与え、維持すべきものを破壊し、創造すべきものを構築する働きをもつのである。

手段の世界の中立性から切り離すことのできないアンビバレンスが、手段の世界の全体を影で覆うのみならず個々の手段の中心にまで入り込むことで、どれほど不気味さを増すかは明らかである。なぜなら、このようなアンビバレンスの遍在はまず、次のような結果をもたらすからである。すなわち手段の獲得について言えば、人類の繁栄に役立つ手段を用いて人類を豊かにしようとする意図をもつ人がなしうるのは、多くの場合、それによって同時に災いをもたらす行為の可能性を人類に供与することにほかならない、という結果である。さらにこのような遍在は、次のような結果をもたらすからである。すなわち、手段の使用について言えば、非常に厄介な両義性をもつ手段を用いる人は、有益な行為の可能性と破壊的な行為の可能性を区別できるようにする区別能力を衰弱させられる、という結果である。そのような爆発力で充たされた手段に内在しているのは、真に魅力的な力である。もはや手段としてではないにもかかわらず、手段は、目的を設定すべく任ぜられた者を、探し求められるものと遠ざけられるものがもつれた相互作用のなかで互いに入り組んでいる怪しげな雰囲気のなかに置くのである。

このような難問題を明確化することによって、次のような問いにも答えることができる。すなわち、自然の素材と力を純粋に理論的な意図で研究し規定する人は、理論的に研究された自然が実践的に利用可能となった自然と重なり合うことでもたらされうる実践的な結果に、そもそも、またどの程度責任をもつ必要があるのか、という問いである。計算科学の方法によって自然の解明に取り組む人は、それを知っているか否かにかかわらず、また望んでいるか否かにかかわらず、それどころかそれを明確に望まない場合でさえ、実践的な行動のための指示として読めるような、それどころか読まれることを要求するような結果にたどり着く。そして、この規則の知識が役立てられるこの実践的な行動は、この上ない賞賛に値する行動でありうるし、永劫の罰に値する行動でもありうる。そうであるがゆえに、もし、自然研究者の発見的な探究によって可能になった結果の責任を次のような意味で、すなわちこの結果の下で可能となった賞賛に値する行動を自らの功績として勘定することを彼に許可し、しかしまたこの結果の下で可能となった永劫の罰に値する行動について釈明することを彼に要求もするという意味で、彼に負わせようとする場合には、人は自然研究者に過大な要求をし、また彼を過大評価をすることになるのかもしれない。学問が方法論的に自己を完成することは、自己中立化を完成させることに等しいのだが、そうした学問への従者としての自然研究者は、あるべき姿としての結果を彼の生の収支決算の黒字欄に記入する場合であれ、あるべきでない姿としての結果を赤字欄に記入する場合であれ、自らの生の状況を誤解することになるのかもしれない。さらなる経過を制御できない場合には、彼は自分の発見を世界へと解放し、世界がその発見と共に始めようとすることを、世界の手に委ねるのである。

上で述べてきた中で境界を設定し帰責を試みてきたことは、すべてを粉砕するほどの勢いをともないながら「原子力時代」の人間にまさに初めてもたらされることになった印象と経験に対する回答にほかならない、ということを強調する必要はないであろう。計算にもとづく自然科学、及びそれと姉妹関係にある技術において示された可能性と予め指図された発展を、原子物理学を通じて、近代的な精神のこのような賜物の性格と効果に何ら疑念を起こさせないほどの証明へと高めてきた限りにおいて、この時代は確かに、それに与えられた名称に値する。この物理学は、最も大胆な事前の見積りさえはるか後方に置き去りにするほど完璧に手段の世界を形成してきたのと同じように、抗しがたいほどの激烈さで我々に手段のアンビバレンスを語り聞かせてもきた。というのも、解明された効果をもたらす手段を人間という種の抹消のために投入するのか、それとも再興のために投入するのか、という選択を人間に迫る状況における良心の苦境以上に厳しい仕方で、このアンビバレンスが明るみに出されることはないだろうからである。

このような極端な境界にたどり着くならば、我々は、計算にもとづく自然科学と、それと連帯した技術の出現が、このような高みに到達した者にとって何を意味するのか、もはや思い誤ることはできない。その出現は、世界とその前にパートナーとして現れる人間との関係の中で構想された可能性が、決定的に暴露され最終的に実現されることを意味している。観察をおこない最終的には計算する理性の「対象」として遭遇する世界を自分から切り離そうとする努力を人間が前に推し進めれば推し進めるほど、そしてそのように客体化された現実から人間がより明確に距離を置けば置くほど、まだ疎遠でない世界がそれによって彼の選択を支援し彼の意志に示唆を与えた励ましの言葉が人間からますます失われていく――つまり人間は、決断するよう呼びかけられた者としてますます容赦なく自分自身へと差し戻されていることに気づく。人間は世界を途方もない手段の備蓄へと構築し直すことで、世界を自分から、そして自分を世界からあまりに厳格に区別したため、世界の声を聞き取ることができなくなり、自分自身の意見を表す言葉のみしか聞くことができないでいる。それは紛れもなく、あらかじめ指図された発展の途上をさらに前へと進めば進むほど、ますます決定的に独り立ちしていくことに気づく存在であることの勲章である。しかしながらこの勲章は、自己を危険に晒すという代償と引き替えでのみ売りに出されているのであり、その危険は、自己がその全権を認識する度合いに応じて脅威を増していくのである。

自然を研究する主体と全体としての人間

さて、今や我々は、物理学の最新の発展が数学的な自然科学の能力を拡大したため、倫理的な問題の論議においても、招かれていないところで発言する資格があるのだと考える人がどれほど誤解しているかを認識する。このような主張の中で、正確さと重要性に疑う余地のない印象から、全く誤った結論が導き出される。正しく見るならば、これは、計算にもとづく自然科学の最新の発展を通じて、人間が目的設定のために呼ばれた主体として、かつて人間に降りかかったことがないほどの明るみの中に引き出されたということである。この意味において、「正体を暴くような」と形容できる結果が、我々の時代の自然科学からもたらされている。人間はまだ一度も、自らが誰であり、どこに存在するのかを、明確に捉えることができていない。「原子力と倫理」という組み合わせがこれ以上のことを述べないのであれば、それは核心をついていることになる。しかし、近代物理学は、決断するよう呼びかけられた存在としての人間をその考察の地平に導き入れ、倫理的な議論に対話者として割って入ったかのように振る舞っているために、この正体を暴くような結果をもたらしていない。事情は正反対である。原子物理学が、数学的自然科学のために利用されるべく定められているという方法論的な構えを、放棄しないばかりでなく徹頭徹尾一貫して保持するがゆえに、そしてまさにそれゆえに、原子物理学は、自然に関する知識を語り得ないほど豊かにし、自然の利用を計り知れないほど高めるような結果に達する[4]。そしてその結果が非常に画期的な性格をもつため、その結果を利用できる人間は、自分自身の生の状況をかつてないほど明らかに知ることになる。しかしながら、このような結果をもたらす元である方法論的な構えを取ることは、他の時代と同じく今日でも、倫理学の対象をなすあらゆる価値と目的への問いの光を弱めることと等しい。近代物理学が人間に力を貸して人間自身を明らかに知らしめること、このことにとって必要な前提は、人間及びその価値設定と意志目的を精査しようと望むことを、近代物理学が自らに容赦なく禁止することである。近代物理学がもつ正体を暴く作用は、その作用を直接的な意図においてもたらそうとする考えを断念することによってのみ可能となる。正体を暴露することは、それ自体で見ると、呼ばれていないにもかかわらず姿を現す結果であるが、だからと言って低く評価されてはならない結果である。

私は、次のように付け加えることによって、根絶されていないように見えるあるひとつの誤解に対処しておこう。それは、倫理的問題を精査し議論する可能性と権限が自然研究者に否定される場合、この拒否は、自然研究者の姿をとって我々と向かい合う**人間**とは関係がない、ということである。自然研究をおこなう者は、自然研究をおこなう精神活動に自己のすべてを還元しようと目指すのでない限り、自然研究者であることに埋没しているわけではなく、自然科学者以上の存在である。意図的に自己を捨て去り専門ホムンクルス〔昔の一部生物学者が精子細胞に存在すると考えた小人〕になろうとする者は、倫理的な問題を論議する時の発言権がひとりの人間としてさえ認められない場合でも、苦情を訴えてはならない。しかし、このように自己を矮小化しない者は、学問の普及によってますます喫緊のものになっていく人類全体の問題に向かうことを**許されるというよりもむしろ**、その問題に全面的に参加**しなければならない**のである。というのも、その問題をこれほど不安を与えるような形へと増大させたのは、つまるところ人間の営んできた学問だからである。もっとも彼は、このように問題に向かう時、それが全くの**方向転換**であり、根本的な視線の方向の変更であり、その結果全く異なる種類の精神的な構えに移行していることについてだけは、思い誤るべきでないだろう。彼はかつて背を向けたものに向き直したのである。

しかしなぜ、このような移行について強く釈明することが望まれるのだろうか？　釈明がおこなわれる場合にのみ、研究者は、自分の学問の地平において実に輝かしく証明された思考方法を、前述の方向転換によって開かれた領域へともち込もうとする誘惑から護られ、それによって不適切な思考範型を適用することで新しい見方を歪曲することから護られるのである。とりわけ彼は、新しい問題圏に直面して表明を強いられていると感じるような意見や態度に関して、この自己確認を通してのみ、次のような思い込みから護られるのである。すなわち、その意見や態度は彼が携わる学問の大地で収穫された認識と同等の意味において有効性を証明されており、それゆえ同等の権利をもって同意を求めることができるかもしれない、したがってそれと同じ意味とする思い込みである。研究者は、自らの学問の名において語る限りで正当な権利と共に自ら働かせている能力を、自らの学問によって挑発された倫理的な問題について態度を表明する際の発言へと広げないように注意しなければならない。このような問題に意見を述べる時、彼は基本的に、同じ問題に関心をもつすべての仲間に比べて、より少なく、あるいはより多く学問的な権威を笠に着る必要がないことを知らなければならない。彼は、他の者と同じ探究者として、解明を求める者の共同体に加わっているのである。

自然研究者の越境

一八人の物理学者によるゲッティンゲン宣言が物理学の権限に関して幅広い、非常に情熱的で多様な論争を引き起こした時、その宣言の擁護者には、上に述べたことがその必然性を確信させようとした区別がすでに確固たるものであったことは確実だと言われている[5]。この論争は、以上で述べてきたことにとって、次のような私の確信を強めた点で重要であった。すなわち、この区別が消去されるのでなく尊敬されるのだということは、実に概念的な思考の潔白さのためだけではない、という確信である。頼るべきものの全くない時代の中で信頼できる生の方向づけを模索する我々は、鈍い思考と共に混乱した意志も犠牲になるといったことのないよ

う、互いに混ざり合えないものを互いに区別するよう我々自身を教育しない限り、我々の存在のもつれを解きほどくことは望めない

さて、以上で述べてきたことで、混乱が取り除かれる代わりにいっそう増してしまう結果になるのを防ぐために、いくつかの註釈を付け加えたい。それらの註釈は、ここで主張された境界規定に関して議論の余地のある時間の動きが測られる場合、それについてどのように判断すべきか、を示したい。

自然研究者は、人間に関係し人間に向けられた主張や助言をおこなうやいなや、自分の学問の領域を離れる。これは、彼の発言が関係づけられる人々、あるいは彼の呼びかけが及ぶべき人々の範囲がどの程度の広がりをもつかに関係なく、言えることである。もっともこのことは、語りかけられた人々の共同体がどの程度の広がりをもつかに応じて、語られたことの中に含まれる肯定や遵守への要求が実にさまざまに判断される、ということを除外できない。語りかけられた者の範囲を見通せないほどに拡大し、またその内容においてもすべての人から肯定を受けるような表現のみを用いるがゆえに、越境という非難を浴びるのにふさわしくない呼びかけ

の言葉がある。そのような呼びかけが、好意的な人であれば誰も認めることを拒否できないような人類の要求を代表する場合には、この越境という非難は間違いなく見当違いである。

このような特徴は物理学者の声明――その中で、新しい自然科学によって製造可能となった兵器の恐ろしさをはっきりと示すこと、新しい自然科学の中に姿を隠して待ち構えている威嚇への洞察から必要な結論を導き出すことが、人間一般に、またとりわけこの人間の運命に責任のある政治家に要請されるような声明――に当てはまる。こうした内容をもつ訴えに対して、この訴えを表明する者は、彼の学問の確立に対するのと同程度の拘束力をこの訴えに対して要求するならば、越境という罪を犯しているのだ、という異議を唱えることを思いつく者がいるだろうか！　人類が、あらゆる矛盾に対する考えから離れ、学問の代表者が彼らの学問の探究の結果の応用によって引き起こされうる災いに対して前もって警告する時に携える誠実さに感謝するならば、人類は正しい。

もし呼びかけが、人類全体の中である特定の立場――その範囲に属する人々が、行為や使役のすべてを通して、考慮に入れられることを望むような立場――を占める人々の範囲に向けて発せられる場合には、またその呼びかけがまさに、上で述べた全体への組み込みによってその範囲に割り当てられた特定の状況に向けられる場合には、さらに加えて、その呼びかけが、それが発せられる特定の時点にも関係づけられている場合には、事態は異なる様相を帯びる。内容的にきわめて深く専門化された呼びかけは、人類に向けられた一般的な、いかなる点でも制限されていない訴えとは全く異なる。問題となる人間の範囲が国家という集団である場合、呼びかけは確実にそのような性格をもつものとなる。そのような呼びかけは、実にある特定の状況においてある特定の行為を勧めるものであるならば、単に**政治的**助言と呼ばれてかまわない助言である。したがってそのような助言は、我々の原理的な考察において検討された**倫理的**な領域から転がり出たかのような助言として特徴づけられるべきではない。政治的行為は、倫理的な観点から見るならば、それ以外のすべての行為と変わらないと見られ、かつそのように評価されるかもしれない行為である。しかしながら、この倫理的な見方は、例えば新しいもの、異なるものとして政治的な見方に付け加わるものではない。「政治的」という名称で特徴づけられる行為の特質は、統合的な契機として倫理的に評価されることになる。政治的行為を倫理的に評価する際、それを尊重することで「政治的」行為が初めてこの自らの名前を名乗るものになるような特殊条件を無視したり、この行為の倫理的な質があたかもこの特殊条件を度外視して評価されうるかのように、それどころか評価されねばならないかのように振る舞うことは、ひとつの倫理的な手続きに他ならないであろう。

すなわち、上で示されたような方法を用いて専門化された助言を与えることで物理学者が下す判断は、疑いなく**倫理的・政治的**判断である。この判断の重みや、そこに根拠をもつ助言の価値を評価することが重要であるとすれば、とりわけ原理的な考察――その中で我々は、自然科学者が倫理的な問いに向かうことでおこなう一八〇度の転換に確信をもつような――に、発言が許されなければならない。というのも、このような視線の転換の根本性に確信をもつ人は、その転換を実行する者が、彼の学問の地平で思考しながら動く限りで自らに権能が認められていたことのすべてを、そう、そのすべてを置き去りにすることなしには、この転換を実行できないことも知っているからである。回答の権限に関して言えば、倫理的な問いが視界に入ってくるやいなや、彼は原理的に、自然科学の初心者に比べて少しも勝るところのない任意の人物になってしまう。というのも、彼の学問は、意識的な内容をもつ問いのすべてを確固たる首尾一貫性をもってその地平から追放することによってのみ、我々が評価する認識の泉であるからである。彼がこれらの問いに取り組む時、自らの学問の名において語る者としての自分にふさわしい権威の、もっともわずかな残余さえ、いかに保てるというのだろうか！

このような権能の境界に関する釈明を見るならば、精確さを誇る自然科学の代表者が、厳しく限定された対象者に向けられた説明を展開する中で、一方では専門知識をもった事情通の観点から話しながら、核兵器の使用によって引き起こされるに違いない結果について我々国民に啓蒙し、他方では政治的な助言者の姿勢に切り替えながら、きわめて重大な結果をもたらす特定の決断に向けて同じ国民を説得しようと試みるようなマニフェストに対して、疑念を表明しないわけにはいかない。私が考えるには、この助言は、その賢明さゆえに採択されるべきか、それとも愚かさゆえに却下されるべきかにかかわらず、呼びかけられた者が、その事情通と政治的な助言者の背後には同じ知識人の、また知識人であるがゆえに国民の方向性を示すべく任命された者の権威があるのだ、という印象をもつにちがいないとして、意識的な啓蒙と同一視されてはならない。

マニフェストの署名者たちは、このように性格の異なる二つのものを結びつけるよう、何によって誘われたのか。これについては、そのマニフェストに書かれていることから明らかになる。彼らは学問——この学問を通じて人類はきわめて不吉な結果をもたらす手段をもつに至るのだが——の従者として、この手段の使用によってすでに引き起こされたものであれ、引き起こされうるものであれ、すべての荒廃に責任を感じるべきだと考えている。このような責任——その圧力が彼らに重くのしかかるのだが——ゆえに、政治的な助言を与える義務がむしろ導き出されなければならないと彼らには思われるのである。

疑わしいマニフェストを携えて人々の前に現れる者が、自らに大きな責任の負担がかかっていると感じること、これは彼らの良心の感受性を物語っている。しかし、すでに起こったことと、可能であるとして期待されることに、自らがかなりの程度責任を負うべきだと考えたことで彼らが虜になった誤解には、何ら変わりはない。我々の原理的な考察が示したのは、自然研究者が人類にもたらしてきた認識の結果について、それが功績ないしは過誤であるとして自ら責任を負うべきだと彼が思い込むならば、いかに彼が自分の状況を甚だしく誤解しているか、ということである。責任を負わねばならないのは、彼ではなく、その手に彼の発見を渡されている人類である。もし自然研究者が、自分の発見によって作り出された使用に関して、自ら本来的な責任を感じるべきだと思い込むならば、このような思い込みの基礎には、政治的な助言者としての資格を自らに与える場合にも彼の身に起きているのと同じ境界の消去がある。なぜなら、特定の行為の領域がそこに足を踏み入れる人に負わせる責任は、この領域の中に場所を占める事柄にその人が精通すること、まさにそこにまで及んでおり、そしてそこまでしか及ばないからである。不当にも見逃された境界が再び引かれるならば、境界を超える判断能力の仮像と共に、境界を超える責任の仮像も姿を消す。あらゆる価値と目的への問いに対して体系的に自らの輝きを消す、という理由のみによって、それ自身であることができ、それがおこなうことをおこなうことができる学問――このような学問は、その学問をおこなう者に、上のような内容をもつ問いに関してより高度な責任を負わせることがないのと同様、その問いに関してより高度な判断能力を彼に授けることもできない。もっともこれは、問題となる境界を超えることで**すべて**の責任が自然研究者からなくなることを意味するのではない。彼自身もまた、責任が受け渡されている人類の一員である。彼自身もまた、国家――その繁栄に彼も部分的な責任をもつ――の市民である。しかしこの責任は、彼の同胞たる人類や同胞たる市民の全体もまた引き受ける義務を負う責任にほかならない。自らの学問領域から外に踏み出ると同時に、自然研究者は、彼の責任に関しても、判断能力に関しても、彼の同胞たる仲間の全体と同じ立場に置かれたのである。たとえ彼の学問の輝きが彼らにとって馴染みがなくても、倫理的、政治的な問いに対する回答に関しては、彼らは、学問的な教示という点では彼らをはるかに勝っている自然研究者と同じ資格をもち、同じように呼びかけられているのである。このようにして、表向きはより深い眼差しを向ける者、そしてより明確に判断する者、という後光が自然研究者から失われるのだが、それと引き換えに、誤って理解されていた他者に責任をもつ者という良心の重荷も彼から取り去られる。彼は政治的な投票をおこなうことでその仲間に加わった何百万もの人々の全体と責任を共有するのである。

自然研究者の集団が、表向き負わされている責任から解放されることで、責任の意識が**そもそも**損なわれると仮定するならば、それは思い違いであろう。事情は全く正反対である。もし責任が、限られた人間の集団に、彼らの同意の有無にかかわらず集中するならば、その集団に属さない者の間には、その選ばれた者に責任が委任されたのと同程度に、共同責任への関与を免除されていると感じる傾向が、ごく容易に現れる。責任の集中は責任転嫁として迎えられ利用される。しかし、**政治的**な責任は、権限がこのように分岐することで弱められることに耐えうるかもしれない最後の責任である。重大であるがゆえに政治的領域に属することすべてに責任を負う必要があるのは、国民全体であって、この全体から切り離された一部の集団ではない。

これはどこにおいても心に留められるべき真理であり、政治的責任にわずかにしか慣れていないドイツ国民ほど、この真理を厳しく言い聞かせる必要のある共同体は他にない。

註

この講演の中では、多くの点について軽く言及することしかできていない。それらのより詳しい論述と根拠づけは、私の著作の中で展開している。以下のものを参照されたい。

1 『自然科学と人間陶冶（Naturwissenschaft und Menschenbildung）』、Heidelberg 1954.

2 Technisches Denken und menschliche Bildung, Heidelberg 1957.（小笠原道雄訳『技術的思考と人間陶冶』玉川大学出版部、一九九六年）。

3 『人間と世界（Mensch und Welt）』、München 1948, p.121 以下。

4 「哲学的人間学と現代物理学（Philosophische Anthropologie und modern Physik）」、『一般教養（Studium generale）VI』所収、1953, p.351 以下。

5 『科学と人間陶冶（Wissenschaft und Menschenbildung）』、Heidelberg 1958, p.157 以下。

Th・リットの二つの「時局論文」（一九五七年）に関する解題

編者　小笠原道雄

●第一論文：私たち自身、今（原子力）の時代をどのように理解するのか？（一九五七年）

論文の時代背景[1]

本論文は、旧西ドイツ連邦国防省編纂「政治的―歴史的陶冶ハンドブック」の二巻本論文集『現代の運命的諸問題』（一九五七）の巻頭を飾ったものである。その「序言」で、第三次アデナウアー政権（一九五七・一〇・一八）の連邦国防省大臣であったF・J・シュトラウス（Strauss）は、「将来への方向を示す現代の運命的諸問題は過去の認識を欠いては把握出来ない。……政治的存在としての人間は、共同体による、共同体のために設定された諸要求を満たすための歴史的知を必要とする」と述べている。そのために、単に「国防軍の兵士」だけではなく、「市民」にも〈政治的―歴史的陶治〉が必要なことを訴えている。ただこのシュトラウスの主旨は、市民に「核武装の必要性のための陶治が必要である」との認識に立っての発言であり、Th・リットの警世的な講演内容とは真反対であることに注意したい。その意味でも、当時の西ドイツのおかれていた時代情況、特に、「外交と国際政治及び国内世論の動向」は情況の認識にとって不可欠である。具体的には、ヨーロッパ共同市場（EEC）及びヨーロッパ原子力共同体（ユーラトムEURATOM）関係条約（ローマ諸条約）の調印（一九五七・三・二五）。それに対する物理学者一八名による有名な「ゲッチンゲン宣言」（Göttingen statement）[2]及び核武装計画反対と核兵器の製造実験への参加拒否（四・一二）等である。さらに、ベルリンにて西側三ヵ国（米、英、仏）とのドイツ統一要綱（「ベルリン宣言」）の調印（七・二九）があり、そして翌一九五八年一月一日、ヨーロッパ原子力共同体が発足し、三月二五日には連邦議会が国防軍の核武装決議案を可決するという、当時の西ドイツにとってはまさに、一連の「運命的諸問題」であった。

註

1 アルフレート・グロセール著、山本・三島・相良・鈴木訳『ドイツ総決算―一九四五年以降のドイツ現代史（Alfred Grosser, Deutschlandbilanz—Geschichte Deutschlands seit 1945）』、社会思想社、一九八一年、参照)。

2　「ゲッチンゲン宣言 (Göttinger Manifest)」一九五七年四月一二日、原子核分裂の発見者O・ハーンら旧西ドイツの原子科学者一八人が署名、発表した核兵器保有反対の宣言。この宣言は、西ドイツが原子力兵器を所有すべきでないことを訴えたうえで、「署名者は誰も原子力兵器の製造、実験、配置に、どんな方法でも参加しない」と声明した。なお、同年五月湯川秀樹を含む日本の物理学者二五名もこの宣言を支持する声明を出した。一八名の原子物理学者とは、F・ボップ、M・ボルン、R・フライシュマン、W・ゲールラッハ、O・ハーン、O・ハックセル、W・ハイゼンベルク、H・コッファーマン、M・フォン・ラウエ、H・マイヤー・ライプニッツ、J・マッタウホ、F・A・バネス、W・パウル、W・リーツラー、F・シュトラスマン、W・ワルヒャー、C・F・フォン・ワイツェッガー、K・ビルツである。

なお、Th・リットと親交のあったW・ハイゼンベルクや本「宣言」に関しては、W・ハイゼンベルク、湯川秀樹序、山崎和夫訳『部分と全体』、みすず書房、一九七四年を参照されたい。

Th・リットの著作（特に、諸論文）における本論文の位置

今日のTh・リット研究においては、第二次大戦後、とりわけ、一九四七年以降、旧西ドイツ・ボン大学に招聘されてからのリットの研究上の関心は、「もっぱら、当面する教育的現実の解明とその問題解決に向けられた」と言われる。これらは一般には、Th・リットの「後期思想」と特徴づけられる諸課題である。具体的には、ドイツ国民の民主主義に定位する「政治教育の問題」

と組織された現代社会における「科学技術と人間陶冶の問題」であった。これらの問題を論究している著作(講演を含む)を今ここで年代順に列記すれば、(1)「ドイツ国民の政治的自己教育」(一九五四)、(2)『ドイツ古典主義の陶冶理想と現代の労働世界』(一九五五)、(3)『技術的思考と人間陶冶』(一九五七)、(4)『職業陶冶、専門陶冶、人間陶冶』(一九五七)、論文集とも言える、(5)『東西対立の光に照らした学問と人間陶冶』(一九五八)、講演小冊子、(6)『現代的生活の諸力としての芸術と技術』(一九五九)、そして最後の著作となった、(7)『自由と生の秩序――民主主義の哲学と教育学について――』(一九六二)である。ここで私たちが一九五七年の論文、「私たち自身、今(原子力)の時代をどのように理解するのか?」と内的関連をもつ諸論文を吟味すると、以下の一連の諸論文があげられる。すなわち、一九五六年の論文、「組織化の時代における教育」(正確には、本論文は当時の西ドイツの代表的な教育学者による論文集、『教育は何のために』("Erziehung wozu?—Die Pädagogische Probleme der Gegenwart", Kröner Verlage) に掲載された論文)をはじめとして、講演「事物化された世界における自由な人間」(一九五六)、さらに一九五六年の「哲学的人間学と現代の物理学」がその前段をなし、時局論文と同年の一九五七年、「私たち自身、今(原子力)の時代をどのように理解するのか?」、さらに、論文、「原子力と倫理――原子力の経済的、政治的、倫理的諸問題――」が、ドイツ・ヨーロッパ連合編纂の講演集として刊行されている

（本書第二論文）。続いて翌年の一九五八年には、（西）ドイツ学術功労章（Orden pour le mérite für Wissenschaft und Künste）の叙勲講演の記念論文として、「学問の公的責任」があり、本テーマに関する論文は終結する。だがTh・リットの死の前年、つまり一九六一年の論文、「技術時代におけるヒューマニズムの遺産」（この論文は、チューリヒ・ペスタロッチ-アーヌムの編纂による『西洋的教育の精神』("Vom Geist abendländischer Erziehung)所収の論文)、及び、リットの死直前の一九六二年、国際シンポジウム、〈大学と現代世界〉所収の論文、「転換期における大学（Die wissenschaftliche Hochschule in der Zeitenwende）」は、いずれもTh・リットが「現代」という歴史的時代に生きる人間と科学（学問）の問題に対してその鋭い歴史意識にもとづく批判精神をもっていかに深く思索していたかを如実に示している。その中核に肥大化する科学技術の世界、その時代における人間形成の核心的問題、すなわち、人間性に対する脅威とその救済のための教育目標が示されている。まさに、警世的な刮目に値する諸論考である。

（Th・リットの著作目録に関しては以下の文献を参照。鈴木兼三編「リットの経歴・著作目録」、所収、教育哲学会『教育哲学研究』第八号（一九六三年）。なお今日、Th・リットのすべての文献（一部、講義草稿も含む）がライプチヒ大学古文書館に保存され、その完全な『目録』が完備されている。）

時局論文の思考と論理の理解のために

柔らかな切り口で展開される本講演は、主催者の要望を受けて、一般市民を念頭に展開される。だが、「(原子力)時代」の自己理解を解明するこの講演は、Th・リットの豊かな歴史意識に培われた**知**と、予断を許さない鋭い**論理**を梃子に、かつリット特有の「言い回し」で進行する。具体的な本講演の内容等については各読者のご判断にゆだねたいが、結論的にリットは、三〇〇年にわたるヨーロッパにおける自然科学と技術の発展を鳥瞰した上で、「数学的自然科学」によって開始された今日の「原子力時代」が科学技術の本質を変容させ、人間存在を徹底的に「事物化」(物化)する歴史上類を見ない「危機の時代」と捉えているのである。このように「事物化」された人間存在を救済する方途はあるのか！ リットは言う。「自己の全権と責任は、事物支配の増大によってありうべき結果の領域が拡大するにつれて増大するのだ」と。そこからリットは、「原子力時代」の人間は、「かって人間精神に置かれたことのないほどの重い責任という重荷を背負っていることに気づく」こと、そして、「これこそが、私たちの現代(原子力時代)の自己理解」なのである、と喝破しているのである。言葉を失うほどの驚くべき「時代」の洞察と思考ではないか！ ただ本講演の末尾に注記としてTh・リットは三冊[1]の文献を挙げているのでそれらをもとに、リットの思考と論理の特徴を若干補充したい。特に、(1)リットの歴史意識の基底には「歴史の意味の自己特殊化 (自己化)」という考えが基本としてあること。それを基本に、各人それぞれがその時々の歴史的事態に「どのように対峙し、それをどう引き受けるか」といった個人的な歴史的意味の解釈・判断が「主体的な選択の自由からの決断」として重要視され、体制をこえて——確かに個人は体制に拘束され、支配されるが、それらを拒否するあるいは否定するという——その時々の事態に決断を下す最終的な個人の自律的な**責任**が最重要視されるのである。他方、(2)リットの理論は、ヘーゲル (Georg Wilhelm Friedrich Hegel, 1770-1831) の「一般的弁証法」の影響を受けながらも、リット自身が語るように、ヘーゲルの単純な「正—反—合」の弁証法に対して、J・コーン (Jonas Cohn) の「二極弁証法 (die bipolare Dialektik)」の立場である。この立場は、最初から同じ価値を有する二つの契機が同時に対立しつつ関連する弁証法である。すなわち、物質と精神、身体と精神、生命と理念、個人と社会、素質と環境等、幾多の二極の組織、「二元論の体系」の相互に浸透融合する弁証法なのである。それは同時に、「相互に浸透融合する」全体 (観) の把握のための論理でもある。そのためにTh・リットは、W・ディルタイ (Wilhelm Dilthey, 1833-1911) の『生命哲学』を基底においている。理念と原理を異にしながらも、互いに交錯浸透しつつ一個の不可分の全体的な絡み合いを織りなす。これこそリットがW・ディルタイから受け継いだ文化の**全体連関**であり、個人的には、生命の根に深く根ざした、時には、死の底にまで届くような人間存在の全体観の理解と把握なのである。そこから具体的にリットは、人間を「アンビバレンス（Ambivalenz）」（二つの相反する価値を同時に含んでいる状態）な存在として捉えそれを強調する。これら歴史意識と人間存在の「アンビバレンス」を土台に、アンビバレンスな人間と**事物（Sache）**（リットの場合「事物」は自然科学的な客体物とそれをもとに構築される社会的な構築物（制度等）も含意される）との関連を精査し、その根本的な対立を軸に論を展開する。

これらリットの思考と論理の特徴は、本講演論文では特に、自然科学における「原因＝結果＝諸関係」及び技術における「手段＝目的＝諸関係」の問題として展開されている。

特に、双子である科学と技術が、とりわけ、「原子力時代」に突入し、大きく変質し、事物の論理に従属する**手段**の数量的拡大が**目的**化され、高度な技術とはその数量的な巨大さで評価される。本来的には「目的」を設定するのは人間、しかもその意志である。だがここでは目的＝手段＝諸関係が逆転し、人間が物化され、ひたすら数値の極大化という**手段**が目的化され、人間は**手段**に従属する。そこには人間の意志も、決断の自由もなく、人格の尊厳が全く失われる。私たちはこの事態を不幸にも、東京電力福島第一原発事故において悲劇的な形で体験をし、思い知らされた。「京」という目もくらむような数値を求めて「原子力村」の専門家はひたすら事物の論理に支配されて**安全神話**を形成する。本来的には「何のために（**目的**）」ということが人間の意志によって選択・決断され、その結果に対する「責任」が担われるのであるが、そこでは人間としての**責任**が問われることは全くないし、そのような意識も全くない。再度引用するが、リットの結論はこうである。「『原子力時代』の人間は、かって人間の精神に置かれたことのないほど重い責任という重荷を負っている、――これこそが、私たちの現代（原子力時代）の自己理解なのである」と。このような思考回路からは結局、「核エネルギー」問題の解決は、経済的問題だけ、政治的問題だけではなく、位相の異なる次元、すなわち究極的には、倫理的問題として人類に対する「責任」の問題として捉えなければ解決できないのである。一体、私たちは経済的観点からの核エネルギーの獲得という位相のみに支配され、目を奪われているが、例えば、放射能廃棄物をどう処理するのか？ いく世代にもわたって、住民を不安と恐怖の淵にたたせるのか？ この問題にどのように対処するのか。これはまさに世代をかけた重い「責任」なのである。リットの本第一論文の解読は、次の第二論文、「原子力と倫理」において、さらに深く、厳しく精査され、専門家集団との「討論」に展開される。

●第二論文：原子力と倫理（一九五七年）

本論文は、ドイツ欧州連合（EUROPA-UNION DEUTSCHLAND）編纂の報告書『ユーラトム――原子力エネルギーの経済的、政治的、倫理的諸問題――』に掲載されたものである。本報告書は、一九五七年一〇月、ドイツ欧州連合によって招集されたケーニスヴィンター（ボン近郊、一九五七年一〇月一一－一二日、議長、欧州連合事務局長；C.-H. Lüders 博士）、ハンブルク（一〇月一八－一九日、議長、外交ジャーナリスト連盟理事長；Egon Heymann）、ニュルンベルク（一〇月二五－二六日、議長、ヨーロッパ大陸研究所教授、Paul W. Kuehner 博士）の各都市において開催されたインフォメーション（情報提供）会議の「専門家委員会―講演」を中心に構成されている。従って、ここでは、リットの講演内容の詳細に関しては読者におまかせして、専門家集団としてのドイツ欧州連合の代表者達が原子力（核）エネルギーの必要性を経済的・政治的観点から強調する態度、同時に、これまた自然科学の専門家としてそれを推進するあるいは警告する原子物理学者の科学的主張や立場に対して、歴史的、倫理的観点から核エネルギーの問題を提起するTh・リットの論点の基本を考察したい。特に、本『報告書』の末部に収録されている「Th・リットの講演に対する討議（寄与）」を吟味したい。Th・リットの基本的態度は、「科学の発達に付随して、それだけ確実に、人間の生を「導く術」を手にすることは出来ない」とする立場である。従って、「自然科学の完璧さがどれほど増しても、この完璧さと表裏一体をなす責任の高みへと自然科学者が上昇する支えとはならない」とリットは断定している。そこから「原子力時代」の自然科学者には**方向の転換**、あるいは根本的な視線の方向の変更が必要である、としている。第二論文の「自然科学研究者の越境」のタイトルでTh・リットは、「一八人の物理学者によるゲッチンゲン宣言が自然科学者の**方向の転換**を必然的なものにした」、と述べている。従って、報告書の全体を理解するためにも、その「目次」(講演者名［原名綴り］、肩書き及び講演タイトル等) を見ておこう。

I

講演　参事官、ドイツ欧州連合事務局長、Carl-Heinz Luders:
「導入―ユーラトム―共同体 (Euratom-Gemeinschaft) の政治的必然性」
ボン大学放射線―核物理学研究所長、ドイツ原子力委員会委員、Wolfgang Riezler:
「原子力構造の理論的基盤」
ドイツ原子力委員会理事長代理、Hoechst 塗料会社理事長、名誉教授 Karl Winnacker:
「ヨーロッパにおける原子力と技術的進歩」

ドイツ連邦原子力エネルギー及び水経済担当大臣、教授、工学博士 Siegfried Balke:
「ヨーロッパにおける原子核エネルギー採取の技術について」

II

ルクセンブルク 財政（Monet）委員会事務局長、Max Kohnstamm:
「原子力とヨーロッパのエネルギー欠損（部分）」
ドイツ連邦原子核エネルギー及び水経済担当大臣指導官、ブリュッセル地域会議ドイツ代表団：Ulrich Meyer-Cording 博士
「ヨーロッパとユーラトム（Euratom）条約」
核エネルギー欧州経済協力機構（OEEC）理事会（Paris）委員長、L.P. Nicolaidis 教授
「ユーラトム（Euratom）条約に対するOEEC立場」
ドイツ連邦原子核エネルギー及び水―経済担当局指導官、ブリュッセル地域会議ドイツ代表団、Wolfgang Cartellieri 博士：
「ドイツとユーラトム条約」

III

ボン大学教授、Theodor Litt：「原子力と倫理」
Theodor Litt 教授の講演に関する討議
キール大学教授、Michael Freund：「原子力とドイツの決断」

以上のように本報告書は、三つの場所で行われた十本の講演論文とすでに指摘したTh・リットの講演に関する「討議(寄与)[Diskussionsbeiträge]」が収められている。特に、後者の「討議(寄与)」は、一九五七年一〇月一一、一二日、ボン市郊外のケーニスヴィンターでおこなわれたTh・リットの講演[本書第二論文、「原子力と倫理」]の枠組み内で、先に指摘した自然科学者の**方向の転換**にともなう自然科学者の責任のあり方に関するきわめて具体的で、かつ重大なテーマであった。全世界の科学者に波紋を広げた、同年一九五七年四月一二日、一八名の著名なドイツの原子科学者による「宣言」、すなわち、「ゲッチンゲン宣言(Göttinger Manifest)」に対するものである。Th・リットの見解を三会場の司会者が論点を整理し、展開させている。論点の核心は専門家としての「責任」のあり方である。Th・リットはその講演「原子力と倫理」の冒頭で、本テーマの「原子力と倫理」が主催側の依頼による主題であることを吐露しているが、それは、すでに第一論文の結論としてリットが、『「原子力時代』の人間は、かつて人間の精神に置かれたことのないほど重い責任を負っていること」、「それこそが私たちの現代(原子力時代)の自己理解である」、と喝破しているからだ。同時に、Th・リットが本第二論文の結論部において次のようにも述べていることからも第一論文と第二論文は「時代の自己理解」から導かれる「時代に対する人間としての責任」において結合しているのである。

再度リットの言葉を引用する。「一八人の物理学者によるゲッチンゲン宣言が物理学の権限に関して幅広い、非常に情熱的で多様な論争を引き起こした時、その擁護者には、［専門家としての権威に依らず、他の同じ探求者として、解明を求める者の共同体に加わるという］確固たるものであったことは確実だ」と。自己の研究を矮小化しない者は、「人類全体の問題に参加しなければならない」とし、リットはそれが「研究（者）の方向転換」であり、根本的な視線の方向の変更であると述べているのである。このような専門家の「方向転換」にともなう専門家の「責任」をめぐって「討論」は展開する。このような論の展開には、「核エネルギー」の問題は、単に経済的問題や、政治的判断として論議されるのではなく、「責任」という倫理的問題として検討されねばならないという認識が当時のドイツの第一線で活躍する原子物理学者や、核エネルギー（問題）に関する政策の専門家にも共有されはじめ、それら異種の専門家集団に決断を迫ったのが一連のTh・リットの原子力をめぐる講演（論文）であった。その意味でも、当時の原子物理学者の核エネルギーに関する認識・関心やその立場を知るためにも、また、ドイツ欧州連合の核エネルギー政策に対する姿勢も判明でき、本「討議（寄与）」は、きわめて重要と考えられる。この専門家との「討議（寄与）」を通じて、明らかなことは、「原子力（核エネルギー）」問題をめぐるそれぞれの専門家集団の立場と位置、それに対する「倫理」が問題となっているからである。

そこには今日、ドイツ政府の委託による「安定したエネルギー供給のための『倫理委員会』の報告書」に見られる「原発利用に倫理的根拠はない」(岩波書店『世界』、No.825、二〇一二年)という立場に通底する「脱原発思想の源流」が見て取れる。ただ、今回は諸般の事情で本編書にこの「Th・リット教授の講演に関する討議(寄与)」を収録することを断念した。他日を期したい。

一般に、「講演」という形式での論者の思考や内容の表出は、講演者の思考のエッセンスを話者特有の言葉やリズムで、しかも一方的に述べる場合が多い(そこから、一般的にドイツでは「講演」後、約一時間程度、時間を十分に取った質疑、討論がおこなわれる)。本講演の「原子力と倫理」は、特に専門家を対象とする委員会での「講演」でもあるので、密度の濃い内容であり、全体的な印象として、論理的にも(思想的にも)、レトリックと雅語を多用する表現で難解と言われるリットの文章でも最も高度な部類に入る「講演論文」との印象を受ける。リット自身、本論の末尾で、「注記」として、「私は、本講演においては、多くの点について軽く言及することしかできていない。それらの詳しい論述や根拠づけは、私の著作の中で展開している」と記し、以下のものを参照されたいと述べている。すでに第一論文の「解題」において、Th・リットの思想や論理の特徴を述べたので、それと併せて、左記の著作を参照されたい。

1 『自然科学と人間陶冶（Naturwissenschaft und Menschenbildung）』、Heidelberg 1954.

2 『技術的思考と人間陶冶（Technisches Denken und menschliche Bildung）』、Heidelberg 1954.（Th・リット著、小笠原道雄訳『技術的思考と人間陶冶』、玉川大学出版部、一九九六年）。

3 『人間と世界（Mensch und Welt）』、München 1948, p.121 以下。

4 「哲学的人間学と現代物理学（Philosophische Anthropologie und moderne Physik）」、所収、『Studium generale（一般教養）』VI、一九五三年、三五一頁以下。

5 『科学と人間陶冶（Wissenschaft und Menschenbildung）』、Heidelberg 1958, p.157 以下。

なお、Th・リットの第一論文を「私たち自身、今（原子力）の時代をどのように理解してきたのか？——Th・リットの「時局的論文」（一九五七年）の考察——」（広島文化学園大学学芸学部『紀要』第2号、二〇一二年、所収）と改題して論究した拙論も参照されたい。

また、わが国における最近のTh・リットの研究書の中でも、左記の著作は「科学技術と人間陶冶」の問題を真正面から取りあげ、本時局論文の理解にきわめて有意義である。是非参照されたい。

1 宮野安治『リットの人間学と教育学——人間と自然の関係を巡って——』、渓水社、二〇〇六年。

2　西方守『リットの教育哲学』、専修大学出版局、二〇〇六年。特に、Ⅶ自然科学―科学技術―産業社会と教育、一六一―一八六頁。

その他、今日入手はなかなか困難であるが、左記の翻訳書もTh・リットの思想、理論の理解にとっては役立つ。

1　Th・リット著、石原鉄雄訳『科学・教養・世界観』、関書院、一九五四年。

2　Th・リット著、杉谷／柴谷共訳『生けるペスタロッチー』、理想社、一九六〇年。

3　Th・リット著、石原鉄雄訳『教育の根本問題』、明治図書、一九七一年。

4　Th・リット著、荒井／前田訳『現代社会と教育の理念』、福村出版、一九八八年。

5　Th・リット論、「歴史の意味の自己特殊化」、ライニッシュ編、田中元訳『歴史とはなにか――歴史の意味――』所収、理想社、一九六七年。

編者　あとがき

二〇一一年三月一一日の東日本大震災は日本国民それぞれに自己の存在が自然の猛威の前に佇むか弱い「一本の葦」（パスカル（Blaise Pascal））にすぎないことを思い知らせると同時に、被災地の人々がこの悲劇を生死ある「絆」として受け入れ、じっと耐え抜く精神的な強靭さを全世界に示した。だが、同時に生起した東京電力福島第一原発の事故は、その後、おおくの国民から「これは『人災』である」との思いが支配的になっている（国会事故調査委員会は事故の根源的原因を「人災」と断定している）。具体的に言えば、六〇年代以降、国策として強力に推進されてきた原子力エネルギーは「安全でクリーンなエネルギーである」と喧伝されてきたその「安全神話」が今回の福島県民の悲劇的な体験によって、その実態が、わが国の政界、官界、経済・産業界、学界、そしてマスコミの各界が一体となって作り出した「神話」であることを白日の下に晒した。広島、長崎という被爆国である日本が、三度、福島の第一原発事故によって放射能の恐怖に襲われていることは歴史的悲劇である。この「原子力エネルギーは安全である」という「神話」の形成に学界、とりわけ、子どもの人間形成〔陶冶〕に責任を担う学問としての教育学〔者〕は**原子力エネルギー**をどのように理解し、その知見を教育界に発信し、その社会的責任を果たそうとしてきたのであろうか。一九五七年、テオドール・リット〔Theodor Litt〕の「私たち自身、今〔原子力〕の時代をどのように理解するか？」（"Wie versteht unser〔Atom〕Zeitalter sich selbst?"）の問いかけは、わが国における〈原子力〔核〕エネルギーは安全である〉、という「神話」を払拭するためにも、そのまま今日の日本の運命的問題でもあるのだ！同時に、同年リットがヨーロッパ連合〔ＥＵ〕から依頼され、物理学者や核エネルギーの専門家を対象におこなった講演・討議、「原子力と倫理〔Atom und Ethik〕」からは、〈原子力〔核〕エネルギー〉問題を歴史哲学的視点から根源的に把握し、そこから導出される問題解決の思考回路として**倫理的問題**を提示したことは極めて重要である。そこでは人類の一員としての「責任」への思考回路が示されているからである。現今のわが国における原発事故をめぐる論議がもっぱら、経済的・政治〔策〕的視点からのみに終始し、倫理的視点からの提言は皆無である。そこには問題の「責任」に対する感覚が全く欠如し、「責任」を担うという態度が見られないのである。本当にこれで核エネルギー問題は解決出来るのか！　放射線災害の問題から、使用済み核燃料の問題に対しても何ひとつ見通しがないのである。この問題に対峙することこそ世代をかけた「責任」ではないのか。

さて、論者テオドール・リットは一八八〇年一二月二七日デュッセルドルフに生まれ、一九六二年七月一六日、ボンで生涯を閉じた二〇世紀を代表する文化＝社会哲学及び教育（科）学の碩学である。ボン大学員外教授（一九一九）から一九二〇年Ed・シュプランガーの後任としてライプチヒ大学哲学及び教育学正教授に就任、一九三一〜三二年にかけて同大学の学長を務めるが、一九三一年一〇月学長就任講演、「大学と政治」をおこない、当時ナチズムの台頭と共に顕著となった大学と学問に対する政治化策とその制度的な政策に対して方向転換をせまり、特に、ナチス学生同盟と軋轢を生むことになる。その後も「第三帝国」による講演や講義の妨害を受け、一九三七年、節を曲げることなく自主的に退職、著作活動に専念する（戦後刊行される多くの著作はこの時期に執筆された）。第二次大戦後の一九四五年、ライプチヒ大学から請われて復職し、荒廃した大学の再建に尽力し、大学の『復興計画案』まで作成するも、研究と学問の自由を基本とするTh・リットの姿勢は占領軍のソヴィエト的全体主義の施策とは全く相容れず、ここでも多くの軋轢を生むことになる。結局、一九四七年、旧西ドイツのボン大学からの招請を受け、故郷に帰還することになる。

このように二度にわたる全体主義的体制との軋轢や抗争を経験するTh・リットであるが、一九二〇年代のライプチヒ大学時代にはその後日本の代表的な教育学者、心理学者になる面々が留学している。広島文理科大学教授で学長を務め、『原爆の子』を編纂、刊行した長田新、東京帝国大学入澤宗壽、心理学者の城戸幡太郎等々。若いリットから文化＝社会哲学的問題、教育学の方法論を学んでいる。また戦後の一九五三年には、稲富栄次郎（元広島文理科大学教授、上智大学教授、初代教育哲学会会長）もボン大学でTh・リットの講演、「独逸の大学とギムナジウム」（六月三日）を聴講し、また講義、「自然科学的認識について」にも出席し、その後直接教授と会見して、その印象を残している（稲富栄次郎「ドイツ大学の現状――リット教授との会見」参照）。

また、昨年の一五回Th・リット国際シンポジウムのテーマ、「原子力時代。自然科学と技術の極大値。最高値の責任」の設定の中で明らかになったことは、ライプチヒ時代、Th・リットと同僚の物理学者W・ハイゼンベルク（量子力学の研究で一九三二年ノーベル物理学賞受賞）とが精力的に、かつ多様な問題について対話していた事実である（わが国で一九六五年ノーベル物理学賞を受賞した朝永振一郎は、一九三七‐八年W・ハイゼンベルクのもとで核物理学、量子力学研究をおこなっている。ただハイゼンベルクの自伝の書である『部分と全体――私の生涯の偉大な出会いと対話』（湯川秀樹序・山崎和夫訳、みすず書房）では、ライプチヒ時代についての言及は何故かすくない）。

一九二〇・三〇年代のライプチヒ大学はベルリン大学と共に世界における研究・教育のメッカであったが、「人文学」研究分野の中心に若いTh・リットが活躍していたのである。多数のノーベル賞受賞者を数えるライプチヒ大学は今日、人文学の分野ではリット研究所を中心に、ヨーロッパ連合（EU）における「精神科学研究」のセンターを目指してネットワークを形成中である。そこには創立六〇〇年余の伝統（創立は一四〇九年）とTh・リットや解釈学の巨匠、H・G・ガダマー、W・ハイゼンベルク（ハイゼンベルクはカント研究者でもあった）ら激動の時代を透徹した思想、理論によって探求した知的証言を学問的にかつ人間的に評価する作業が進行中である。その一例として、ライプチヒ大学は二〇〇一年から「テオドール・リット賞（Theodor-Litt-Preis）」を創設し、毎年一名、研究、教育の両面で最も顕著な教員を顕彰しているのである。また、ライプチヒ大学古文書館には特に、リット・コーナーを設けリットの講義草稿を含む諸資料を完備している。

一九四七年、ボン大学への帰還後のTh・リットは、ドイツ連邦における哲学、教育学の重鎮として公的機関とも関わり、発言し（本二つの講演会への出席もその証左であるが）、それらの功績によって一九五二年には「学術功労賞」（わが国の文化勲章に匹敵すると言われている）を受賞、その受勲者で構成される会員（ドイツ人三〇名、外国人三〇名で構成）に推挙された。また一九五五年、七五歳の誕生日には大統領からドイツ復興に功績のあった者に与えられる「星十字大功労賞」を授与された。またオーストリアなど諸外国からも多数の栄誉を受けている。

今日Th・リットに対する思想家としての評価は、保守主義的な思想家ではあるが、ナチスに節を曲げなかった清さは、戦後のドイツでは「学者として範をなすもの」とされているし、人間理性を武器にしたその鋭い歴史＝批判的精神は「時代を見抜くもの」として高く評価されている（旧東ドイツの崩壊を早い段階で予言していたと言われている）。

以下、形式的ではあるが、Th・リットの主要著作を抜粋して紹介する（著作「目録」からは、単行本五三冊、論文・論説・講演二〇八点があげれる）。ただこのような著作中心のTh・リットの紹介はきわめて表面的、形式的で、「人間リット」がなかなか見えない憾《うら》みがある。リットは健啖家で気質の激しい、かなりの皮肉屋で、かつカルカチュア（風刺画）の名手でもあった。最近ようやくその一端が紹介されるようになった。K. Gaukel, P.G-Löser, D. Schulz (hrsg.), Theodor Litt-Pädagoge und Philosoph, 2011, Leipziger Uni. verlag. 参照。

“Individuum und Gemeinschaft” 1926『個人と社会』
“Ethik der Neuzeit” 1926（関雅美訳『近代倫理学史』、未来社、一九五六年）
“Möglichkeit und Grenzen der Pädagogik” 1926『教育学の可能性と限界』
“Die Philosophie der Gegenwart und ihr Einfluss auf das Bildungsideal” 1927『現代の哲学及びその教育理念に及ぼす影響』
“Führen oder Wachsenlassen” 1927『指導か放任か』（石原鉄雄訳『教育の根本問題』、明治書店、一九七一年）
“Wissenschaft, Bildung, Weltanschauung” 1928『科学、教養、世界観』（石原鉄雄訳『科学・教養・世界観』、関書院、一九五四年）
“Geschichte und Leben” 1930『歴史と生』
“Kant und Herder” 1930『カントとヘルダー』
“Einführung in die Philosophie” 1933『哲学入門』
“Die Selbsterkenntnis des Menschen” 1938『人間の自己認識』
“Der deutsche Geist und das Christentum” 1939『ドイツ精神とキリスト教』
“Protestantische Geschichtsbewusstsein” 1939『プロテスタントの歴史意識』

“Das Allgemeine im Aufbau der gaisteswissenschaftlichen Erkenntnis” 1941『精神科学的認識の構成における普遍的なもの』

“Die Befreiung des geschichtlichen Bewusstseins durch J.G. Herder” 1942『J・G・ヘルダーによる歴史意識の解放』

“Staatsgewalt und Sittlichkeit” 1948『国家権力と倫理』

“Wege und Irrwege geschichtlichen Denkens” 1948『歴史的思考の正路と邪道』

“Mensch und Welt” 1948『人間と世界』

“Denken und Sein” 1948『思惟と存在』

“Hegel, Versuch einer kritischen Erneuerung” 1952『ヘーゲル——批判的復興の試み』

“Naturwissenschaft und Menschenbildung” 1952『自然科学と人間形成』

“Der lebendige Pestalozzi” 1952（杉谷雅文・柴谷久雄共訳『生けるペスタロッチー』、理想社、一九六〇年）

“Das Bildungsideal der deuschen Klassik und die moderne Arbeitswelt” 1955（荒井武・前田幹訳『現代社会と教育の理念』、福村出版、一九八八年［翻訳書は改訂第六版（一九五九）による］）。

“Die Wiedererweckung des geschichtlichen Bewusstseins” 1956『歴史的意識の再覚醒』

“Technisches Denken und menschliche Bildung” 1957『技術的思考と陶冶』（小笠原道雄訳、玉川大学出

版部、一九九六年)

”Wissenschaft und Menschenbildung im Lichte des West-Ost-Gegensatzes” 1958『東西対立の光のなかに見た科学と人間陶冶』

“Berufsbildung—Fachbildung—Menschenbildung” 1958『職業陶冶—専門陶冶—人間陶冶』

“Kunst und Technik als Mächte des modernen Leben” 1959『現代生活の諸力としての芸術と技術』

“Freiheit und Lebensordnung. Zur Philosophie und Pädagogik der Demokratie” 1962『自由と生の秩序。民主主義の哲学と教育学について』

これら主要著作のタイトルからも解るように、Th・リットの学問研究の中心テーマの一つは歴史学及び歴史哲学であったと言ってよい。近代の歴史学の開祖と言われるJ・G・ヘルダー(一七四四−一八〇三)、ドイツ観念論や歴史哲学の完成者とされるG・W・F・ヘーゲル(一七七〇−一八三一)〔リットはレクラム版ヘーゲル著『歴史哲学』(Philosophie der Geschichte)で長文の導入(Einführung)、「ヘーゲルの歴史哲学」を執筆している〕、近代精神史研究の第一人者と称されるW・ディルタイ(一八三三−一九一一)、現代の歴史哲学を基礎づけたH・リッケルト(一八六三−一九三六)、さらには名著『歴史主義とその諸問題』で地上と天上の文化を総合する歴史哲学を説いたE・トレルチ（一八六五－一九二三）など、Th・リットは広く、豊かに研究した。これら豊かな深い歴史的感覚と歴史的意識とがTh・リットの著書、論文に貫かれ、主導されている（管見では、Th・リットのこれら歴史的感覚や歴史的意識の源泉にはボン及びベルリン大学での古典語及び歴史学の習得にあったと考えられる。その証左として、一九〇四年、ボン大学で受理されたラテン語による博士論文：De Verii Flacci et Cornelii Labeonis fastorum libris, (Verrius Flaccus と Cornelius Labeo の暦に関する本について）があげられる。具体的には、古ローマの年中行事・公時等を記した暦本に関する研究である）。Th・リットの学問研究のもう一つの中心テーマも、これら歴史学及び歴史哲学に基礎づけ、方向づけされた教育学、すなわち「人間陶冶（人間形成）」の学である。今回の時局論文、「原子力と倫理――原子力時代の自己理解」もまさに研ぎすまされたこれら歴史的感覚と歴史的意識とに貫かれ、導かれている二つの学問から展開されている。

三年前、全く予期せぬ病に冒され入院することになった。その折、恩師杉谷雅史先生のご著書『リット』（一九五一年、牧書店刊）を病室に忍ばせ、再読することになった。一九九九年三月、定年退官時の最終講義で「教育思想家の戦争責任――Th・リットの場合」をおこなって以来、本格的に取り組んできたリット研究ではあるが、当初は、杉谷先生のTh・リット研究に最後の一頁を加えることができれば、との思いであった。そんな折の三・一一の歴史的な惨状と危機は、私に教育研究者としての社会的責任を強く、重く問いかけた。特に、広島の地で高等教育をうけ、その地で教育研究者として生きて来た自分に対して広島―長崎の時空で**原爆・原発**問題と真摯に向き合ってこなかった慚愧《ざんき》の念が強く脳裏を貫いた。

そんな気持ちの中で、ライプチヒ大学―テオドール・リット―研究所から第一五回Th・リット―シンポジウムの招待を受け、同時に送付されてきたリットの「時局論文」を読むことになる。附属病院の担当主治医から示された緊急の場合の連絡先と英文の「診断書」を懐に忍ばせ、さらには大量の薬を持参しての外国出張は確かに緊張もし不安でもあった。だが、次のリットの一文は私の気持ちを奮い立たせた。「〈原子力時代〉の人間は、かつて人間の精神に置かれたことのないほどの重い責任という重荷を背負っていることに気づく」と。この文言は、広島―長崎―福島の時空で「核エネルギー」問題を教育学的に探求することが急務である、との考えを教導した。

最後に、私事にわたって恐縮であるが、Th・リットの記念の集会やリット研究者との出会いについて若干の思い出を述べさせていただきたい。

一九八〇年、リットの後継者、ヨーゼフ・デルボラフ ボン大学教授のもとで、フンボルト財団による二度目の長期研究の機会を得た。丁度この年は、リットの生誕百年の記念の年でもあり、デルボラフ教授は、冬学期で「テオドール・リットの哲学と教育学」のテーマでハウプトゼミナールをおこない、私もそれに参加した。その間の一二月五、六日の両日、リット生誕百年祭がデルボラフ教授、デュッセルドルフ大学 ニコーリン教授［教授はボン大学のリットのもとで助手を務めた］を中心に、ハンネス＝ザイデル財団の支援を得て、ボン大学で盛大におこなわれ、それにも教授のご好意で出席させていただいた。その後ボン大学にはデルボラフ教授の後任としてR・ラサーン教授が就任したが、ここでもフンボルト財団の支援を受け、一九八八年度の冬学期間、Th・リットに関するゼミナールに参加した。さらに一九九三年、日本学術振興会とDAADの支援を得て、マールブルク大学にクラフキ教授を訪問した。教授とはすでに一九八〇年二月以来懇意にしており、一九八九年一〇月には三週間、日本学術振興会の支援を受けて、ご夫妻を日本に招待し教育哲学会や各地の大学での講演をいただき大変な反響があった。その来日講演集『教育・人間性・民主主義』（一九九二）からは、一九六〇年代以降のドイツ教育学の動向が感知されたが、同時に、私には教授がボン大学でリットのゼミナールに出席した雰囲気が読み取れた。すでに教授は一九八二年、大著『テオドール リットの教育学（Die

Pädagogik Theodor Litts)』を刊行されていたが、日本滞在中、本著はもとより人間リットに関する思いで話に惹かれた。そのW・クラフキ教授とは一九九八年一〇月、ライプチヒ大学で開催された第二回テオドール・リット－シンポジウムで再会することになる。まるで慈父のように「広島からこんなに遠いライプチヒまで来たのか！」と大声で、私を抱きしめてくれた。東西ドイツ統一後間もないライプチヒは市中心部の大学近郊も荒れ果てていた。教授の案内で学生が利用するかなり汚れた食堂で二時間程度懇談した。テーマはTh・リットとナチズム問題であった。「ナチズムと教育学」をめぐる問題は、その後、ベルリン フンボルト大学のH－E・テノルト教授、ゲッチンゲン大学のP・ホルン教授との共同研究に継承された。そして現在のライプチヒ大学－テオドール・リット－研究所での多くのリット研究者との出会いである。本リット研究所は、一九九七年Th・リットの遺稿（Nachlass）がライプチヒに戻り、同年、「精神科学的教育学の研究並びにその育成のためのリット協会」の設立により開設され、以後毎年一〇月にテーマを設定してシンポジウムを開催している。そして今回、Th・リットの没後五〇年を記念して、母校ボン大学で第一六回リット－シンポジウムが開催されたのである。

今回の記念の集会は、七月一六、一七日の両日、ボン大学、ライプチヒ大学、そしてドイツ連邦政府中央政治局の共同主催でおこなわれ、百名程度の参加者を得て盛会で実りの豊かなものであった。今回私は、主催者から「日本の教育哲学会を代表して参加された」と紹介され、主賓として最前列の中央に座らされ、二日間、長時間にわたる理解困難な講演に辟易した（中には講演のレジュメを配布したり、ＯＨＰを利用しての発表には随分助けられたが）。また、大会初日の夕食会時には慣例に従い『テオドール リット年報２０１２』が参加者に配布され、そこに寄稿した拙論が紹介され、日・独の比較研究によって「リット研究の領域で新たな一頁を開いた」と過分な評価を受けた。このように私は、Th・リットの生誕百年、そして今回も没後五十周年記念と二度にわたる記念の集会に参加できた僥倖に感謝している。何故か。長田新、稲富栄次郎そして杉谷雅文によって綿々と継承されてきた教育哲学研究室のドイツ教育学の研究、特に、Th・リット研究がそれなりに認知され研究室の末席に位置する自分が記念の集会の主賓として迎えられ、その研究がドイツ本国において、さらには国際的にも評価されるようになったからである。無論この間、Th・リット－シンポジウムで「日本におけるTh・リット教育学の受容」、「日本におけるEd・シュプランガーとTh・リットの受容」、および「日本におけるTh・リット研究の現状」のテーマで報告し、それぞれ『特集号』に掲載されてきた。「群盲象を評す」の感はあるが、長い時間を要した。

今回、昨年の第一五回リット‐シンポジウムに共に招待され、参加した木内陽一氏（鳴門教育大学）と、ドイツ教育学、特に六〇年代以降の『批判理論』等に精通している野平慎二氏（富山大学）の協力を得て、Th・リットの二つの「原子力」に関する「時局論文」の刊行が可能となった。両氏共にＤＡＡＤ（ドイツ学術交流会）の留学生として、さらにはフンボルト財団の研究員として長期にわたり現地でドイツ教育学の研鑽を積み、多くの業績をあげている。ただ今回、急な、しかも短期間での翻訳をお願いし、健康の優れない木内氏、過重な大学の業務をお持ちの野平氏に大変なご迷惑をおかけすることになった。翻訳は、お互いにメールでのやり取りで進め、確定稿としたが、すべての責任は小笠原が負うものである。

末尾ではあるが、東信堂の下田勝司社長に感謝の誠を捧げたい。学術出版のきわめて厳しい中、しかも刊行の時期を学会開催時の本年一〇月中旬と指定する中で、本書の意義を直ちに認められ、その刊行を快諾されたのである。ここに記して深甚の敬意を表したい。

二〇一二年七月二一日　　ボン大学テオドール・リット没後五〇周年の記念の会から帰国して

編者　小笠原道雄

原著者紹介

テオドール・リット（Theodor Litt 1880-1962）。ドイツの哲学者，教育学者。ライプチヒ大学教授，学長（1931-32）を歴任するもナチズムに抵抗し辞職。戦後の1945年請われて復職するが占領下の旧ソヴィエト体制と軋轢を生む。1947年，旧西ドイツ・ボン大学からの招請をうけ教授に復帰。主な著書に『歴史と生』『個人と社会』『ヘーゲル』『指導か放任か―教育の根本問題―』『自然科学と人間形成』『歴史意識の再覚醒』『職業陶冶・専門陶冶・人間陶冶』『東西対立の光のなかに見る科学と人間陶冶』等。1954年，連邦政府学術功労賞叙勲，1955年，大統領星十字大功労賞授与。

編者紹介

小笠原道雄（おがさわら みちお 1936- ）。広島大学名誉教授，ブラウンシュバイク工科大学名誉哲学博士。北海道教育大学，上智大学，放送大学，広島大学，ボン大学（客員）を経て現広島文化学園大学教授。主な著書論文に『現代ドイツ教育学説史研究序説』『フレーベルとその時代』『精神科学的教育学の研究』'Die Rezeption der deutschen Pädagogik und deren Entwicklung in Japan' 'Die Rezeption der Pädagogik von Th. Litt inJapan 等。

訳者紹介

木内陽一（きうち よういち 1954-）。鳴門教育大学教授。1988年ドイツ・リューネブルク大学哲学博士取得。主著・論文に“Empirische Pädagogik und Handlungsrationalität” 'Begegnung der Buddhisten mit Theodor Litt. Zwei japanische Mönche als Promovenden in Leipzig' 等。

野平慎二（のびら しんじ 1964- ）。富山大学人間発達科学部教授。広島大学大学院教育学研究科博士課程修了。博士（教育学）。この間，DAAD奨学生，フンボルト研究員としてリューネブルク大学留学。主著に『ハーバーマスと教育』。翻訳書として，K. モレンハウアー『子どもは美をどう経験するか』（共訳），『ディルタイ全集』第6巻，倫理学・教育学論集（共訳）等。

原子力と倫理―原子力時代の自己理解

2012年10月30日　　初　版第1刷発行　　〔検印省略〕

編者©小笠原道雄／発行者 下田勝司　　印刷・製本／モリモト印刷

東京都文京区向丘1-20-6　　郵便振替00110-6-37828

〒113-0023　TEL (03)3818-5521　FAX (03)3818-5514　　発行所 株式会社 東信堂

Published by TOSHINDO PUBLISHING CO., LTD.

1-20-6, Mukougaoka, Bunkyo-ku, Tokyo, 113-0023, Japan

E-mail : tk203444@fsinet.or.jp　http://www.toshindo-pub.com

ISBN978-4-7989-0143-5 C1030

東信堂

ハンス・ヨナス「回想記」　H・ヨナス　盛永・木下・馬渕・山本訳　四八〇〇円

責任という原理――科学技術文明のための倫理学の試み（新装版）　H・ヨナス　加藤尚武監訳　四八〇〇円

原子力と倫理――原子力時代の自己理解　Th・リット　小笠原道雄編　一八〇〇円

感性のフィールド――ユーザーサイエンスを超えて　桑子敏雄編　千代章一郎　二六〇〇円

環境と国土の価値構造　桑子敏雄編　三五〇〇円

森と建築の空間史――南方熊楠と近代日本　千田智子　四三八一円

メルロ＝ポンティとレヴィナス――他者への覚醒　屋良朝彦　三八〇〇円

概念と個別性――スピノザ哲学研究　朝倉友海　四六四〇円

〈現われ〉とその秩序――メーヌ・ド・ビラン研究　村松正隆　三八〇〇円

省みることの哲学――ジャン・ナベール研究　越門勝彦　三二〇〇円

ミシェル・フーコー――批判的実証主義と主体性の哲学　手塚博　三二〇〇円

カンデライオ（ジョルダーノ・ブルーノ著作集 1巻）　加藤守通訳　三二〇〇円

原因・原理・一者について（ジョルダーノ・ブルーノ著作集 3巻）　加藤守通訳　三二〇〇円

英雄的狂気（ジョルダーノ・ブルーノ著作集 7巻）　加藤守通訳　三六〇〇円

ロバのカバラ――ジョルダーノ・ブルーノにおける文学と哲学　N・オルディネ　加藤守通監訳　三六〇〇円

〔哲学への誘い――新しい形を求めて　全5巻〕

哲学の立ち位置　松永澄夫編　三二〇〇円

哲学の振る舞い　鈴木泉編　松永澄夫編　三二〇〇円

社会の中の哲学　村瀬鋼編　松永澄夫編　三二〇〇円

世界経験の枠組み　高橋克也編　松永澄夫編　三二〇〇円

自己　伊佐敷隆弘編　松永澄夫編　浅田淳一編　三二〇〇円

哲学史を読むI・II　松永澄夫　各三八〇〇円

言葉は社会を動かすか　松永澄夫編　二三〇〇円

言葉の働く場所　松永澄夫編　二三〇〇円

食を料理する――哲学的考察　松永澄夫　二〇〇〇円

言葉の力（音の経験・言葉の力第I部）　松永澄夫　二五〇〇円

音の経験（音の経験・言葉の力第II部）――言葉はどのようにして可能となるのか　松永澄夫　二八〇〇円

環境　安全という価値は…　松永澄夫編　二〇〇〇円

環境　設計の思想　松永澄夫編　二三〇〇円

環境　文化と政策　松永澄夫編　二三〇〇円

〒113-0023　東京都文京区向丘1-20-6　TEL 03-3818-5521　FAX03-3818-5514　振替 00110-6-37828

Email tk203444@fsinet.or.jp　URL:http://www.toshindo-pub.com/

※定価：表示価格（本体）＋税

東信堂

日本の羅針盤―〔改訂版〕日本よ、浮上せよ！	村上誠一郎＋21世紀戦略研究室	一，五〇〇円
このままでは永遠に収束しない。福島原発の真実―まだ遅くない――原子炉を「冷温密封」する！	村上誠一郎＋原発対策国民会議	二，〇〇〇円
3・11本当は何が起こったか：巨大津波と福島原発―科学の最前線を教材にした暁星国際学園「ヨハネ研究の森コース」の教育実践	丸山茂徳監修	一，七一四円
2008年アメリカ大統領選挙―オバマの勝利は何を意味するのか	吉野孝・前嶋和弘 編著	二，〇〇〇円
オバマ政権はアメリカをどのように変えたのか―支持連合・政策成果・中間選挙	吉野孝・前嶋和弘 編著	二，六〇〇円
オバマ政権と過渡期のアメリカ社会―選挙、政党、制度メディア、対外援助	吉野孝・前嶋和弘 編著	二，四〇〇円
政治学入門	内田満	一，八〇〇円
政治の品位―日本政治の新しい夜明けはいつ来るか	内田満	二，〇〇〇円
日本ガバナンス―「改革」と「先送り」の政治と経済	曽根泰教	二，八〇〇円
「帝国」の国際政治学―冷戦後の国際システムとアメリカ	山本吉宣	四，七〇〇円
国際開発協力の政治過程―国際規範の制度化とアメリカ対外援助政策の変容	小川裕子	四，〇〇〇円
アメリカ介入政策と米州秩序―複雑システムとしての国際政治	草野大希	五，四〇〇円
ドラッカーの警鐘を超えて	坂本和一・大内一寛	二，五〇〇円
最高責任論―最高責任者の仕事の仕方	樋尾起年	一，八〇〇円
実践 ザ・ローカル・マニフェスト	松沢成文	一，二三八円
実践 マニフェスト改革	松沢成文	一，三〇〇円
受動喫煙防止条例	松沢成文	一，八〇〇円
〔現代臨床政治学シリーズ〕		
リーダーシップの政治学	石井貫太郎	一，六〇〇円
アジアと日本の未来秩序	伊藤重行	一，八〇〇円
象徴君主制憲法の20世紀的展開	下條芳明	二，〇〇〇円
ネブラスカ州における一院制議会	藤本一美	一，六〇〇円
ルソーの政治思想	根本俊雄	二，〇〇〇円
海外直接投資の誘致政策―インディアナ州の地域経済開発	邊牟木廣海	一，八〇〇円
ティーパーティー運動―現代米国政治分析	藤本一美・末次俊之	二，〇〇〇円

〒113-0023 東京都文京区向丘1-20-6 TEL 03-3818-5521 FAX03-3818-5514 振替 00110-6-37828
Email tk203444@fsinet.or.jp URL:http://www.toshindo-pub.com/

※定価：表示価格（本体）＋税

東信堂

現代日本の地域分化—センサス等の市町村別集計に見る地域変動のダイナミクス　蓮見音彦　三八〇〇円

地域社会研究と社会学者群像—社会学としての闘争論の伝統　橋本和孝　五九〇〇円

覚醒剤の社会史—ドラッグ・ディスコース・統治技術　佐藤哲彦　五六〇〇円

捕鯨問題の歴史社会学—近代日本におけるクジラと人間　渡邊洋之　二八〇〇円

新版 新潟水俣病問題—加害と被害の社会学　飯島伸子・舩橋晴俊編　三八〇〇円

新潟水俣病をめぐる制度・表象・地域　関礼子　五六〇〇円

新潟水俣病問題の受容と克服　堀田恭子　四八〇〇円

組織の存立構造論と両義性論—社会学理論の重層的探究　舩橋晴俊　二五〇〇円

自立支援の実践知—阪神・淡路大震災と共同・市民社会　似田貝香門編　三八〇〇円

〔改訂版〕ボランティア活動の論理—ボランタリズムとサブシステンス　西山志保　三六〇〇円

自立と支援の社会学—阪神大震災とボランティア　佐藤恵　三二〇〇円

個人化する社会と行政の変容—情報、コミュニケーションによるガバナンスの展開　藤谷忠昭　三八〇〇円

〈大転換期と教育社会構造：地域社会変革の社会論的考察〉

第1巻 教育社会史—日本とイタリアと　小林甫　七八〇〇円

現代的教養Ⅰ—生活者生涯学習の地域的展開　小林甫　近刊

第2巻 現代的教養Ⅱ—技術者生涯学習の生成と展望　小林甫　近刊

第3巻 学習力変革—地域自治と社会構築　小林甫　近刊

第4巻 社会共生力—東アジアと成人学習　小林甫　近刊

ソーシャルキャピタルと生涯学習　J・フィールド 矢野裕俊監訳　三二〇〇円

NPOの公共性と生涯学習のガバナンス　高橋満　二八〇〇円

〈アーバン・ソーシャル・プランニングを考える〉（全2巻）

都市社会計画の思想と展開　橋本和孝・藤田弘夫・吉原直樹編著　二三〇〇円

世界の都市社会計画—グローバル時代の都市社会計画　橋本和孝・藤田弘夫・吉原直樹編著　二三〇〇円

移動の時代を生きる—人・権力・コミュニティ　大西仁・吉原直樹監修　三二〇〇円

〒113-0023　東京都文京区向丘1-20-6　TEL 03-3818-5521　FAX03-3818-5514　振替 00110-6-37828
Email tk203444@fsinet.or.jp　URL:http://www.toshindo-pub.com/

※定価：表示価格（本体）＋税